室内设计基础教程

图解空间尺度

李 戈 赵芳节 编著

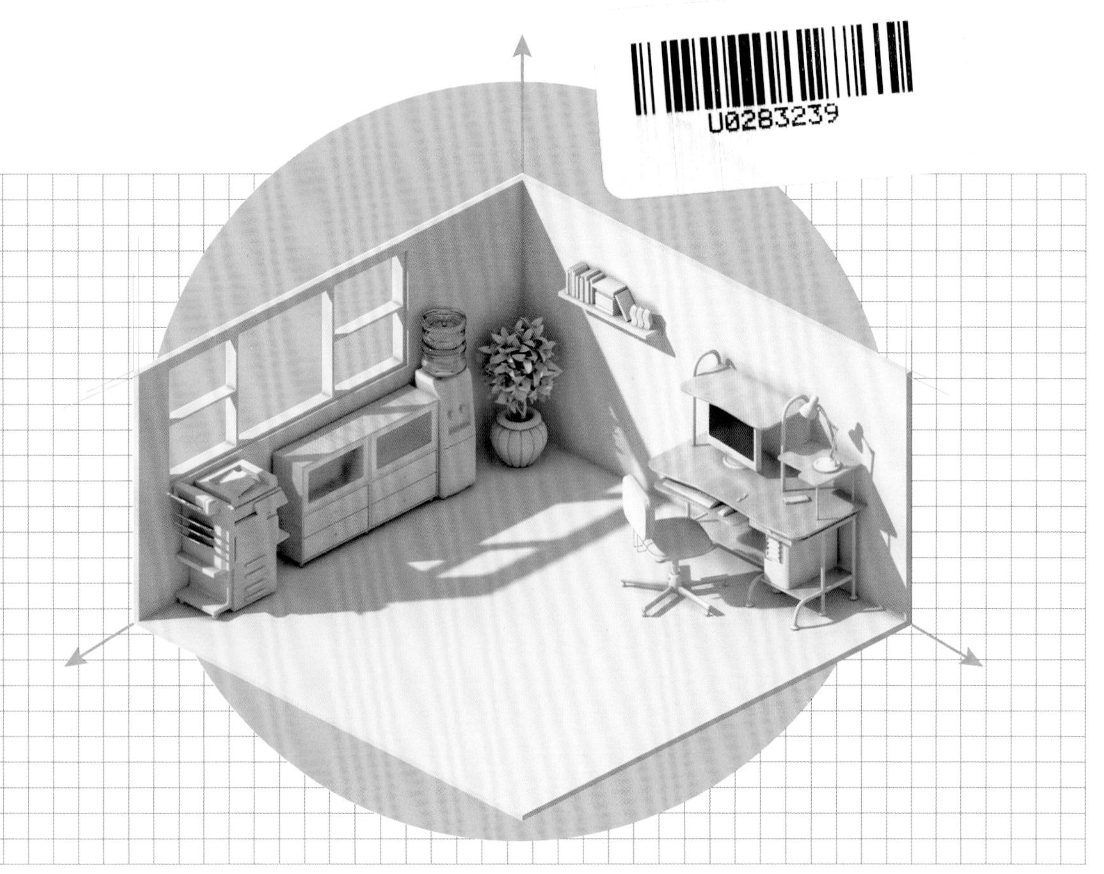

U0283239

江苏凤凰科学技术出版社 · 南京

图书在版编目（CIP）数据

室内设计基础教程 ：图解空间尺度 / 李戈，赵芳节编著．-- 南京 ：江苏凤凰科学技术出版社，2022.4
ISBN 978-7-5713-2761-3

Ⅰ．①室… Ⅱ．①李… ②赵… Ⅲ．①室内装饰设计－教材 Ⅳ．① TU238.2

中国版本图书馆 CIP 数据核字（2022）第 017582 号

室内设计基础教程　图解空间尺度

编　　著　李　戈　赵芳节
项目策划　凤凰空间 / 杨　易
责任编辑　赵　研　刘屹立
特约编辑　曹　蕾

出版发行　江苏凤凰科学技术出版社
出版社地址　南京市湖南路 1 号 A 楼，邮政编码：210009
出版社网址　http://www.pspress.cn
总　经　销　天津凤凰空间文化传媒有限公司
总经销网址　http://www.ifengspace.cn
印　　刷　北京博海升彩色印刷有限公司

开　　本　710 mm×1 000 mm　1 / 16
印　　张　12
字　　数　192 000
版　　次　2022 年 4 月第 1 版
印　　次　2022 年 4 月第 1 次印刷

标准书号　ISBN 978-7-5713-2761-3
定　　价　69.80 元

图书如有印装质量问题，可随时向销售部调换（电话：022-87893668）。

前言

Foreword

软装设计所追求的不仅仅是视觉美观的满足，更是一种品质生活方式的获取。因此，只有以功能尺寸为基础，合理搭配家具、布艺、灯具和饰品等软装元素，才能做到全面满足居住者实用与审美层面的需求。

在软装设计中，尺寸数据具有非常重要的参考价值，科学合理的尺寸规划可以使空间更符合人们日常生活的需要，同样可以使得软装元素在空间中的应用更为协调和美观。例如在家具布置时，要考虑餐椅拉开后，背后的空间可否供人通行；在设计衣柜时，应量取家庭人员身高，根据上肢手臂长度等数据进行量身设计；衣柜摆放在床边，如果距离十分近，首先衣柜的门无法完全打开，而且下床的人会不小心碰到衣柜；又或者是大门后设置鞋柜，鞋柜太大，导致大门无法完全开启，而且大门挡着鞋柜门的开启……

在设计照明时，应根据空间面积搭配尺寸合理的灯具，把握好灯具到地面的距离，了解功能空间应选择的色温数值以及不同工作环境所需的照度范围。在布艺织物的搭配设计中，一方面应了解不同的地毯铺设尺寸给空间带来的视觉感受，另一方面还应掌握窗帘的尺寸测量数据。另外比较厚重的窗帘，收起时造成褶皱也会占用一定的宽度空间，在放置家具时，需要为其留出余地。在挂装饰画和布置照片墙时，除遵循一定的悬挂法则之外，还应掌握多种悬挂方式，为室内墙面带来锦上添花的装饰效果。

本书分为人体工程学与室内尺寸、室内家具规格尺寸、软装布艺设计尺寸、灯具尺寸与照明设计数值、软装饰品陈设尺寸与室内空间尺度实例解析六个章节，以图解的方式系统阐述了软装设计的参考尺寸数据，讲解了尺寸给人带来的视觉、触觉以及心理上的直观感受。同时本书编著者还邀请多位具有多年工作经验的室内设计师，以实际案例分解的形式，帮助软装学习者加深对软装尺寸的知识巩固，使其对软装尺寸的概念及设计方法有更深刻的理解。

李戈　赵芳节

目录

Contents

FURNISHING

DESIGN

SIZE

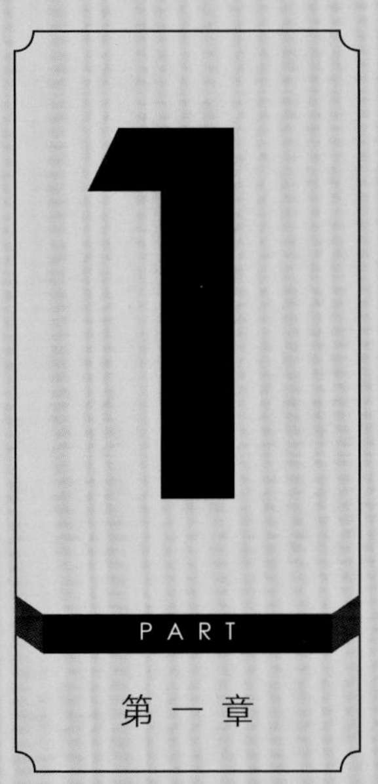

人体工程学与室内尺寸

F u r n i s h i n g

Design

第一节 / 人体基本活动尺寸

01

成年人体尺寸数据

如果知道身高，即可以算出人身体其他部分的尺寸。也就是说，如果是同样身高的人，其坐的高度、眼的高度等基本相似，因此对于易于工作的高度、伸手可及的范围等数据的计算结果也基本是相同的。像这样以计算出标准人体的尺寸为基础，根据不同的需要进行调整，就可以制作出自己的尺寸。此尺寸是设计家具和软装摆设时不可或缺的数字依据。

◆ 国内成年人体尺寸数据（mm）

项目	成年男子人体尺寸			成年女子人体尺寸		
	小个子身材	中等个子身材	大个子身材	小个子身材	中等个子身材	大个子身材
身高	1 583	1 678	1 775	1 483	1 570	1 659
立姿从脚到眼部的高度	1 464	1 564	1 667	1 356	1 450	1 548
立姿从脚到肩膀的高度	1 330	1 406	1 483	1 213	1 302	1 383
立姿从脚到肘部的高度	973	1 043	1 115	908	967	1 026
肩膀的宽度	385	415	465	355	385	425
站姿臀部的宽度	313	340	372	314	343	380
立姿向上举高的指尖高度	1 970	2 120	2 270	1 840	1 970	2 100
坐姿从臀部到头部的高度	858	908	958	809	855	901
坐姿从臀部到眼部的高度	737	793	846	686	740	791
坐姿从脚到膝部的高度	467	508	549	456	485	514
坐姿从脚后跟到臀部的宽度	421	457	494	401	433	469
坐姿两肘之间的宽度	371	422	498	348	404	478

02

人体基本动态尺寸

人体基本动态尺寸又称人体功能尺寸，是人在进行某种功能活动时，肢体所能达到的空间范围，是被测者处于动作状态下所进行的人体尺寸测量，是确定室内空间尺度的主要依据之一。

动态人体尺寸分为四肢活动尺寸和身体移动尺寸两类。四肢活动尺寸是指人体只活动上肢或下肢，而身躯位置并没有变化。身体移动尺寸是指姿势改换、行走和作业时产生的尺寸。

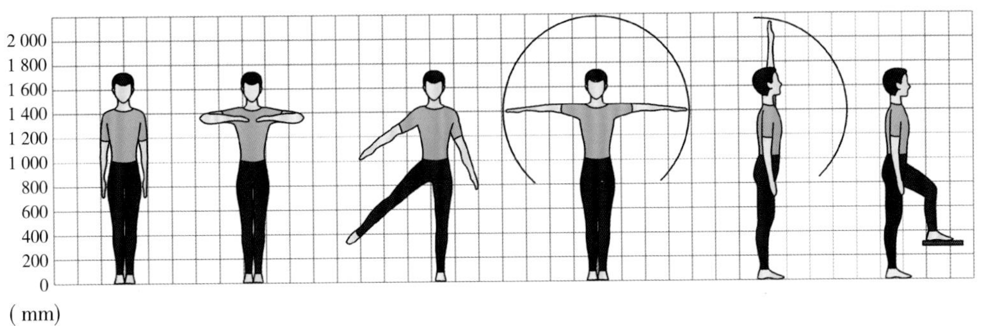

人体站姿、伸展以及上楼等动作

1 400
1 200
1 000
800
600
400
200
0
(mm)

人体蹲姿、坐姿等动作

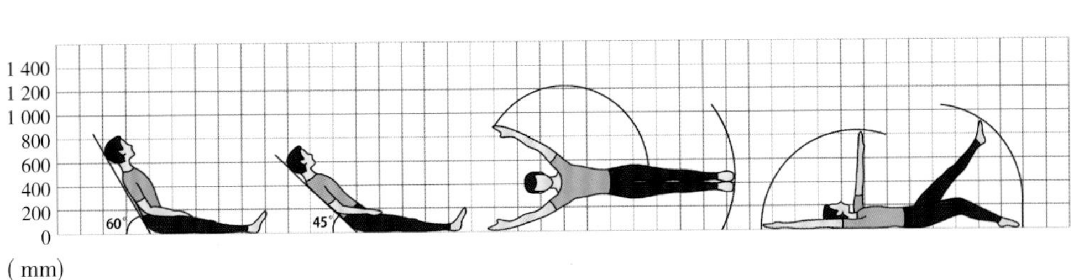

人体躺姿、睡姿等动作

◆ 室内设计中的人体数据应用

名称	用途
单腿跪姿取放搁置深度	用于装饰空间确定单腿跪姿取放物体时，柜内适宜的搁置深度
单腿跪姿取放舒适高度	用于装饰空间确定矮柜等搁板或抽屉适宜高度
单腿跪姿推拉柜前距离	用于装饰空间限定单腿跪姿推拉抽屉时，柜前最小空间距离
单腿跪姿推拉舒适高度	用于装饰空间确定矮柜拉手及低位抽屉时等适宜高度
踮脚后单手推拉高度	用于装饰空间限定搁板、上部储藏柜拉手的最大高度
蹲姿单手取放搁置深度	用于装饰空间确定蹲姿取放物体时，柜内适宜的搁置深度
蹲姿单手取放舒适高度	用于装饰空间确定矮柜的搁板或抽屉拉手等适宜高度
蹲姿单手推拉舒适高度	用于装饰空间确定矮柜拉手及低位抽屉等适宜高度
蹲姿单手推拉舒适深度	用于装饰空间限定蹲姿单手推拉抽屉时，柜前最小空间距离
肩高	用于限定装饰空间人们行走时，肩可能触及靠墙搁板等障碍物的高度
肩宽	用于确定装饰空间家具排列时最小通道宽度、椅背宽度与环绕桌子的座椅间距
肩指点距离	用于确定装饰空间柜类家具最大水平深度
立姿单手取放搁置深度	用于装饰空间确定立姿单手取放物体适宜的搁置深度
立姿单手取放柜前距离	用于装饰空间限定直立取物时，柜前等最小空间距离
立姿单手取放舒适高度	用于装饰空间确定物体的适宜悬挂高度
立姿单手取放最大高度	用于装饰空间限定物体的最大搁置或悬挂高度
立姿单手推拉柜前距离	用于装饰空间限定直立推拉物体时，柜前等最小空间距离
立姿单手推拉舒适高度	用于装饰空间确定拉手和搁板等物的适宜高度

名称	用途
立姿单手推拉最大高度	用于装饰空间限定拉手与搁板等物的最大高度
立姿单手托举柜前距离	用于装饰空间限定托举物体时，柜前等最小空间距离
立姿单手托举舒适高度	用于装饰空间确定常用物体的搁置高度
立姿单手托举最大高度	用于装饰空间限定搁板等物的最大高度
身高	用于限定装饰空间头顶上空悬挂家具等障碍物的高度
臂膝距	用于限定装饰空间臀部后缘到膝盖前面障碍物的最小水平距离
小腿加足高	用于装饰空间确定椅面高度
胸厚	用于装饰空间限定储藏柜、台前最小使用空间水平距离
中指尖点上举高	用于限定上部柜门、抽屉拉手等高度
肘高	用于确定装饰空间站立工作时的台面高度
坐高	用于装饰空间限定座椅上空障碍物的最小高度
坐深	用于确定装饰空间椅面的深度
坐姿大腿厚	用于装饰空间限定椅面到台面底的最小垂距
坐姿单手取放柜前距离	用于装饰空间确定单手取物时，柜前的最小空间距离
坐姿单手推拉舒适高度	用于装饰空间确定低矮柜门、抽屉等拉手的适宜高度
坐姿两肘间宽	用于装饰空间确定座椅扶手的水平间距
坐姿臀宽	用于装饰空间确定椅面的最小宽度
坐姿膝高	用于装饰空间限定柜台、书桌、餐桌等台底到地面的最小垂距
坐姿肘高	用于装饰空间确定座椅扶手最小高度与桌面高度

03

室内活动路线尺寸

居住者在室内因为不同目的移动而产生的位移点，连在一起就形成了不同的活动路线。大的活动路线是居住者进出各功能区所形成的路线，小的活动路线则是居住者使用各个功能区的路线。在日常家居生活中，家具的摆放、房屋之间的打通与隔开，都会形成不同的活动路线。简单地说，家居活动路线就是居住者在家里为了完成一系列动作而走的路线。

在生活中，房间的舒适程度与人能否活动方便直接相关。例如做饭时在厨房到餐厅之间走动、晾衣服时在卫浴间和阳台之间走动，为更有效率地进行这些活动，需要制定活动路线，让人能最方便地到达想去的房间内的每个地方。空间大小，包括平面面积和空间高度，空间相互之间的位置关系和高度关系，以及家庭成员的身心状况、活动需求、习惯嗜好等都是动线设计时应考虑的基本因素。

特别是在精装房中，有很多限制家具位置的因素，所以活动路线容易集中到一个方向，如果家庭成员同时进行不同的活动时，就可能发生碰撞，这样会影响到日常生活的顺利进行。为了确保每条动线的流畅性以及不受冲突，可以将家具合理地进行规划布局，为公共通行路线预留出足够的距离。在家具的选择时也要充分考虑空间的大小，不能一味地填满。

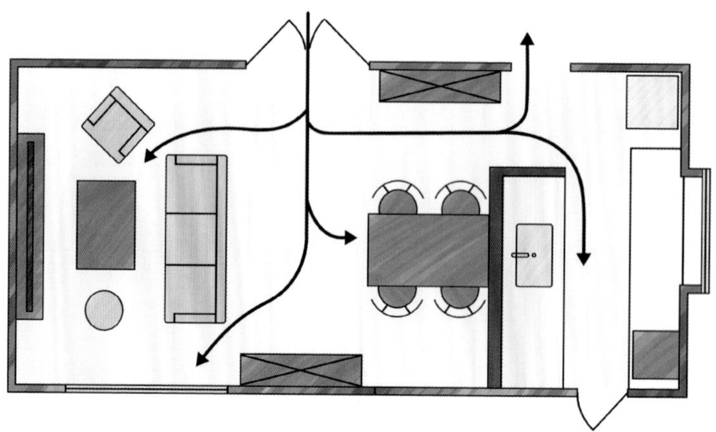

室内活动路线

在活动路线上，必须确保足够的走动空间。宽敞的过道与舒适生活息息相关。人在室内行走时，横向侧身行走需要45 cm 的空间，正面行走则需 55~60 cm 的空间，而两人并排通过时就需要 110~120 cm 的空间。

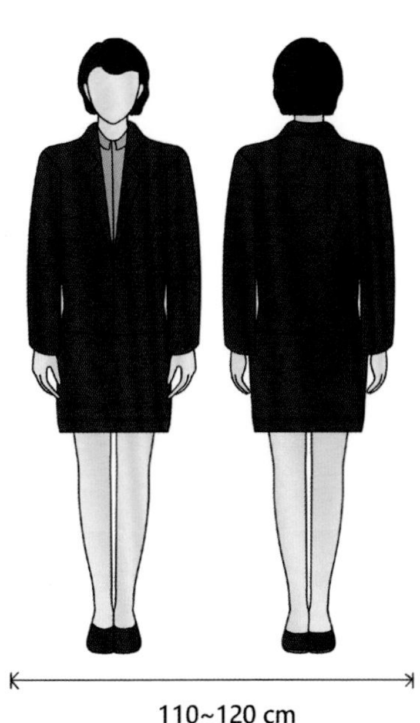

在两个矮家具之间走动，上身可以自由转动，这种情况下只需留出 50 cm 以上的宽度空间就可以了。

如果一侧有墙或高家具的话，过道则最窄不可低于 60 cm。

04

室内活动空间尺寸

活动空间是指人做一系列动作时所必需的空间。在家具周围进行一系列动作时，就需要一些空间。如果只依照“家具本身是否能放进这块地方”来做判断，房间内就会没有通行的空间。例如拉开餐椅，后面的空间可否供人通行；衣柜摆放在床边，距离十分近，衣柜的门无法完全打开，而且下床的人会不小心碰到衣柜；大门后设置鞋柜，鞋柜太大，导致大门无法完全开启，而且大门也挡着鞋柜门的开启。这些都是没有计算好活动空间的结果。其中床边的空间最容易被忽视，不仅开关窗需要一定的空间，窗帘较为厚重时，收起时造成的褶皱也会占到宽度为 20 cm 左右的空间。因此放置家具时，一定要留好活动空间。

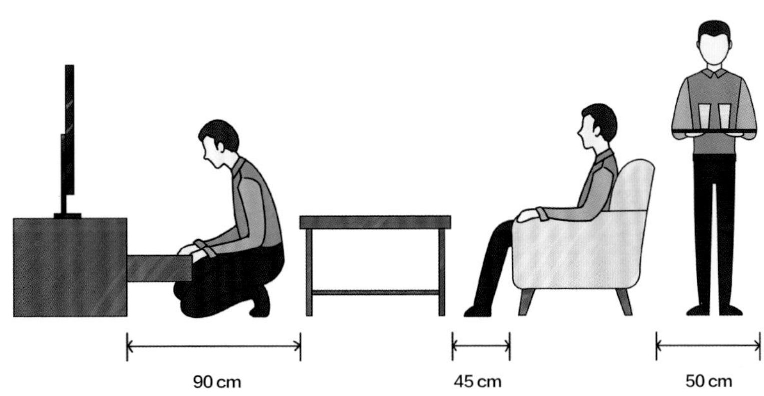

家具周围活动需要的空间

普通的抽屉在打开时，需要留出 90 cm 的空间。沙发与茶几之间的距离以 25 ~ 30 cm 为宜。过道至少要留出 50 cm 宽的空间。考虑到端着盘子或是抱着换洗衣物的情况，最好留出宽度 90 cm 左右的空间通行。

◆ 以身高 158 cm 的女性为基准的拿取物品的尺寸

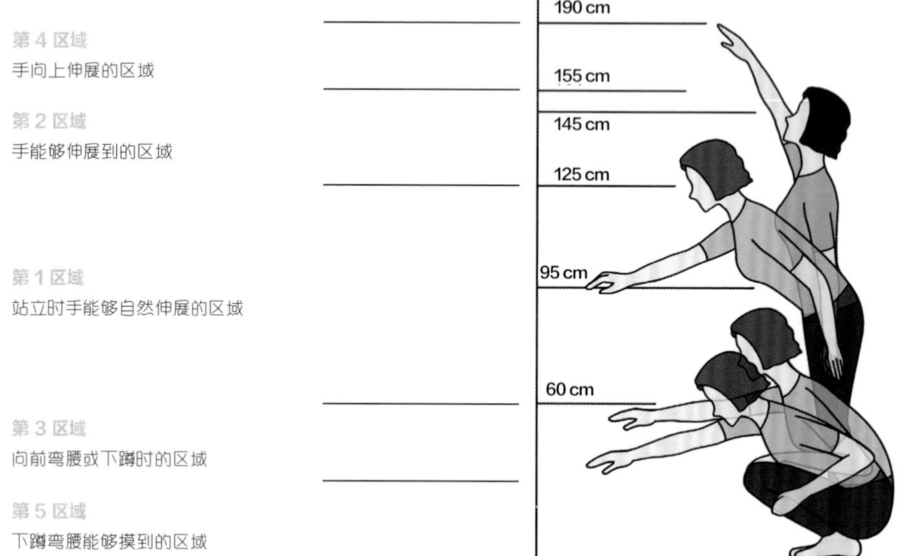

◆ 以身高 158 cm 的女性为基准的工作区域的尺寸

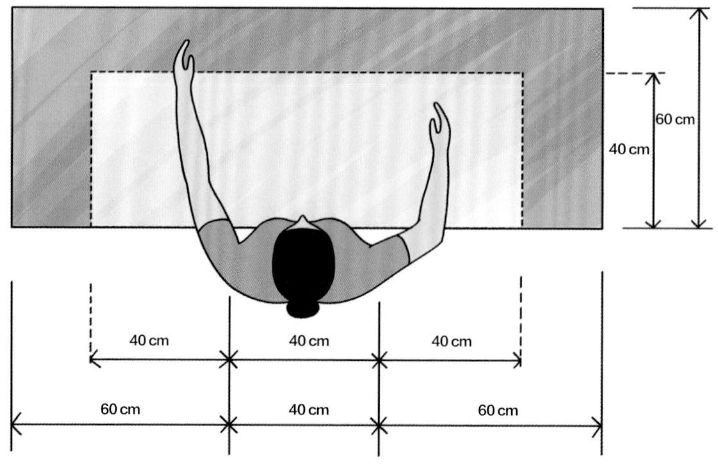

主要工作区域：非常轻松就可以够得着 1200 mm × 400 mm（宽度 × 进深）

工作区域：需要伸手才能够得着 1600 mm × 600 mm（宽度 × 进深）

05

软装礼仪人际距离尺寸

不同性别、职业、文化程度、民族、宗教信仰等因素的存在，造成软装礼仪中的人际距离的表现也存在一些差异。心理学家发现了如下规律：人们离他喜欢的人比离他讨厌的人更近些；要好的人比一般熟人靠得更近些；同样亲密关系的情况下，性格内向的人比性格外向的人与人保持的距离较远些；两个女人谈话总比两个男人谈话挨得更近些；异性谈话比同性相距远一些。软装设计时知道了最佳距离的道理，合理运用，就会收到意想不到的良好交往效果。

通常，人际距离可分为亲密距离、个人距离、社会距离、公众距离。每类距离中，根据不同的行为性质再分为近区与远区，近区是指在范围内有近距趋势，远区是指相对的远距趋势。

◆ 常见人际距离尺寸

类型	尺寸数据	行为特征
亲密距离	0~45 cm	近区距离 0~15 cm，这个距离属于家庭成员、莫逆之交等最亲密的人。在这个区域内，两个人可以互相接触，能嗅到各自身上发出的气味，说话一般轻声细语。远区距离 15~45 cm，可与对方接触握手等
个人距离	45~120 cm	近区距离 45~75 cm，促膝交谈，仍可以与对方接触等。这是亲近朋友、家庭成员间谈话的距离。远区距离 75~120 cm，清楚地看清细微表情的交谈，同学、老同事、关系融洽的隔壁邻居之间的距离就属于这个区域
社会距离	120~360 cm	近区距离 120~210 cm，如在办公室里，一起共事的人总是保持这个距离进行一般性交谈，分享与个人无关的信息。远区距离 210~360 cm，如正式会谈时，人们一般都保持这个距离。这个距离内目光的接触比交谈更重要，没有目光的接触，交谈的一方会感到被排斥于外。进入这个区域的人彼此相识，但不熟悉，交谈内容多半是事务性的，不含感情成分
公众距离	>360 cm	这个距离完全超出了可与他人进行深入交流的范围。演讲者与听众、非正式的场合，以及人们之间极为生硬的交谈都保持这个距离。近区距离 360~750 cm，自然语音的讲课、小型报告会等。远区距离大于 750 cm，借助姿势与扩音器的讲演，大型会议室等处表现出的人际距离

第二节/ 室内空间的功能尺寸数据

01 玄关空间功能尺寸

玄关一般呈正方形或长方形状，能同时容纳 2~3 人，其整体面积需根据室内面积以及房型设计来决定尺寸大小，在 3~5 m^2。一个成人肩宽约为 55 cm，且在玄关处经常会有蹲下拿取鞋子的动作，因此玄关通道宽度至少需保留 60 cm，此时若再将鞋柜的基本深度 35~40 cm 列入考虑范围，以此推算玄关宽度最少需 95 cm，如此不论站立还是蹲下才会舒适。

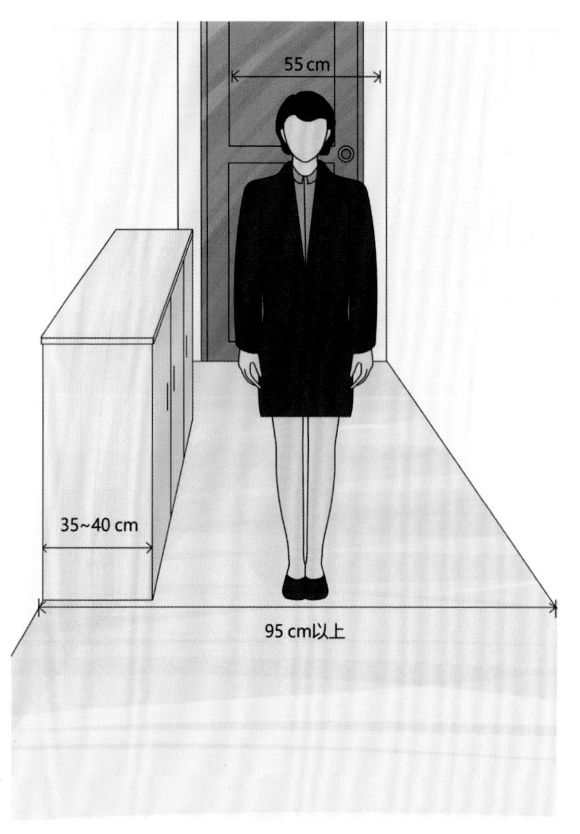

玄关空间功能尺寸

玄关是否设计吊顶，需根据整体的装饰风格及室内的高度来确定。如需设计吊顶，其离地高度不能低于 2.2 m，一般在 2.3~2.76 m。如果吊顶太低，容易给玄关空间带来压抑、沉闷的感觉。

狭长形的玄关受限于宽度，如果将鞋柜放置在门的侧边，会占用空间宽度，可能就不好转身。为了保持开门及出入口的顺畅，鞋柜适合与大门平行摆放，这种方式需保证玄关的深度有 120~150 cm。

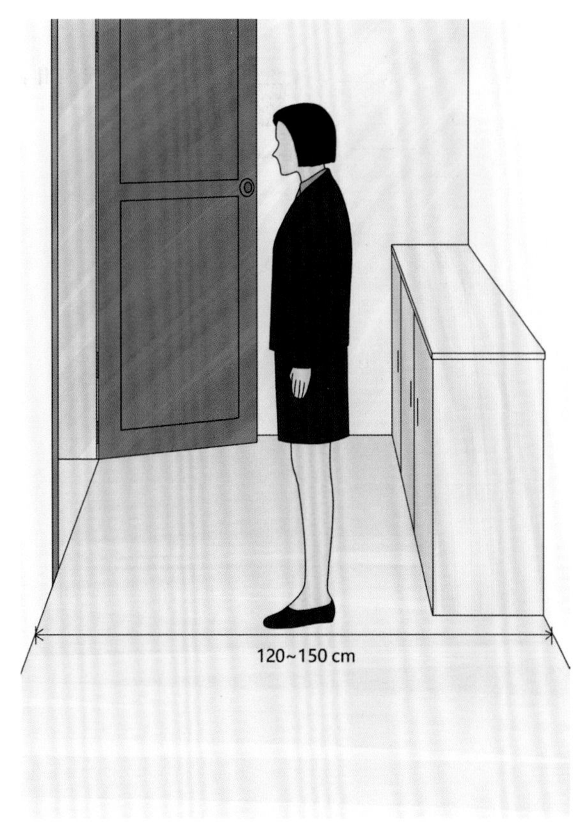

大门侧边鞋柜

如果空间的宽度足够大，鞋柜可放置在大门后面，但要避免打开门时撞到鞋柜，必须加装长度大约 5 cm 的门档，所以门与玄关应留出 5~7 cm 的距离，大门到侧墙至少需有 40 cm。同时入户门在建筑允许的情况下采取外开的形式可以为玄关释放一定的空间。

大门后方鞋柜

如果玄关位于空间的中央位置，鞋柜可沿墙放置，保持开放式的格局，也能满足收纳需求，但要注意鞋柜不宜太高，否则会造成压迫感。

02

客厅空间功能尺寸

通常沙发会依着客厅主墙而立，所以在挑选沙发时，就可依照这面墙的宽度来选择尺寸。一般主墙面的宽度在 400~500 cm 之间，最好不要小于 300 cm，而对应的沙发与茶几的总宽度则可为主墙宽度的四分之三，也就是宽度约为 400 cm 的主墙可选择约 240 cm 的沙发与约 50 cm 的角几搭配使用。如果沙发背向落地窗，两者之间需留出 60 cm 宽的走道，才方便行走。在空间允许的前提下，也可以采用转角沙发摆放。

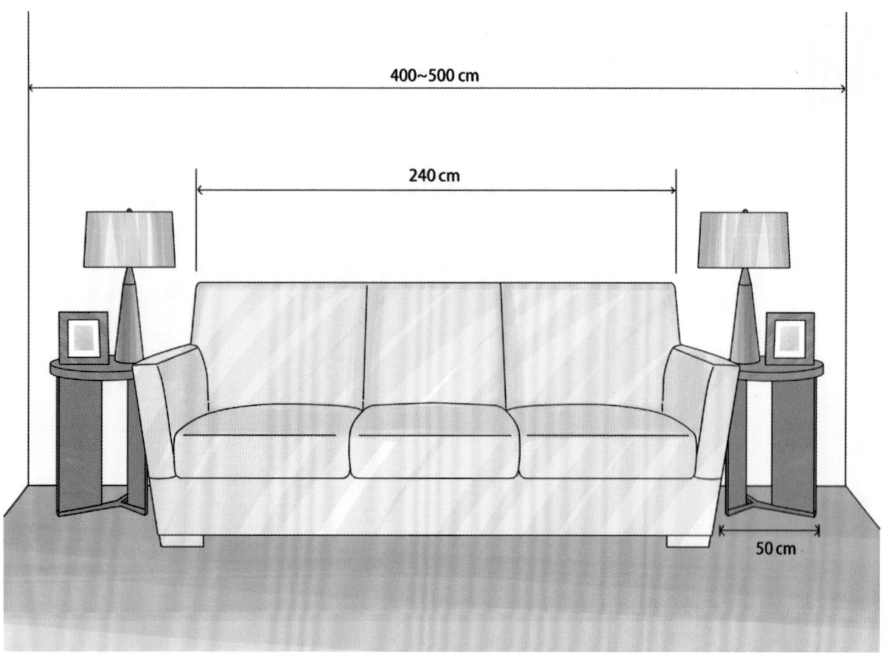

沙发摆设尺寸

◆ 沙发陈设形式

一字形

将沙发沿客厅的一面墙摆开呈一字形，前面放置茶几。这样的布局能节省空间，增加客厅活动范围，非常适合小户型空间。如果沙发旁有空余的地方，可以再搭配一到两个单椅或者摆上一张小角几。

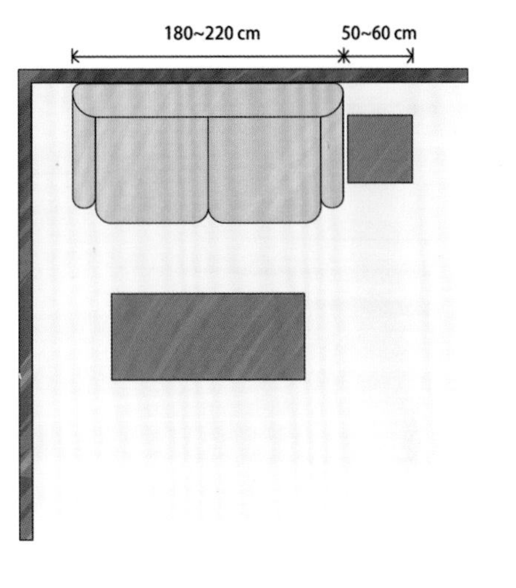

L 形

先根据客厅实际长度选择双人或者三人沙发，再根据客厅实际宽度选择单人扶手沙发或者双人扶手沙发。茶几最好选择长方形的，角几和散件则可以灵活选择要或者不要。

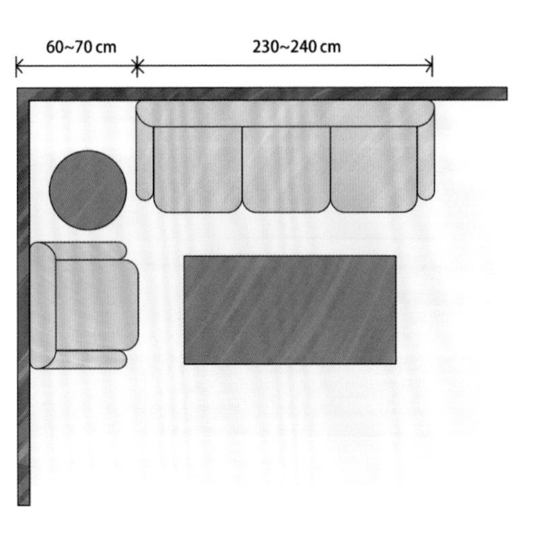

U 形

U 形摆放的沙发一般适合面积在 40 m² 以上的大客厅，而且需为周围留出足够的过道空间。一般由双人或三人沙发、单人椅、茶几构成，也可以选用两把扶手椅，要注意座位和茶几之间的距离。

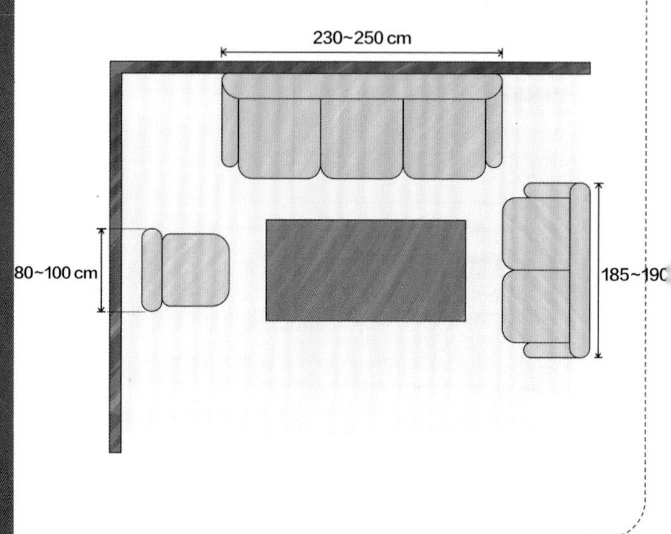

面对面型

将客厅的两个沙发对着摆放，适合不爱看电视的居住者。如果客厅比较大，可选择两个比较厚重的大沙发对着摆放，再搭配两个同样比较厚实的脚凳。比较狭长的小客厅，可以选择两个小巧的双人沙发对着摆放。

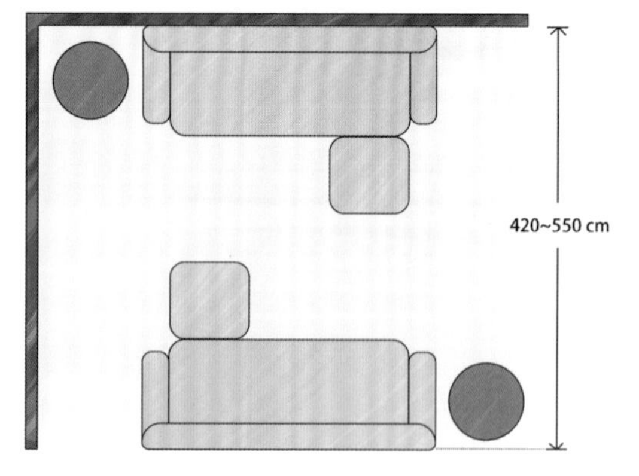

电视机可以采用摆放在电视柜上或者悬挂在墙上的方式，前者可以避免破坏墙面背景，后者可为电视柜台面节省空间。悬挂在墙上的电视机后背通常采用活动的升降支架作为支撑，一方面方便调节高度，另一方面方便使用插线及连接其他设备。

人坐在沙发上观看电视的高度取决于座椅的高度与人的身高，一般人坐着的高度为 110~115 cm，电视机的中心点在离地 80 cm 左右的高度最适宜。沙发与电视机的距离则依电视机屏幕尺寸而定，也就是用电视机屏幕的英寸数乘以 2.54 得到电视机对角线长度，此数值的 3~5 倍就是所需观看距离。例如 40 英寸电视机的观看距离：40 × 2.54=101.6 cm（对角线长度），101.6 × 4=406.4 cm（最佳观看距离）。

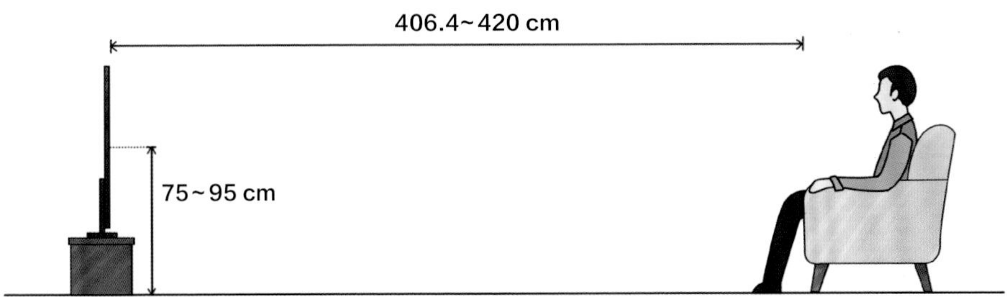

人坐在沙发上观看 40 英寸电视的最佳距离

茶几摆设时要注意动线顺畅，与电视墙之间要留出75~120 cm 的走道宽度，与沙发之间留出 35 ~ 45 cm 的距离，这样的摆放距离可以让人的腿自由活动，便于走动。并且可以满足人坐在沙发上休息时，直接就可以碰触到茶几上的东西。

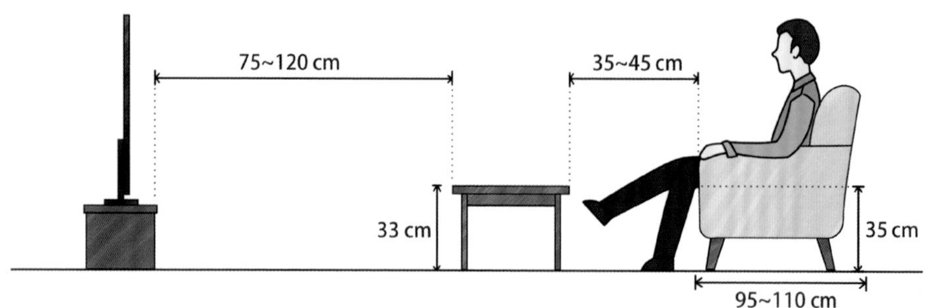

座位低而舒适的休闲沙发，与茶几之间的距离需要留出腿能伸出的空间

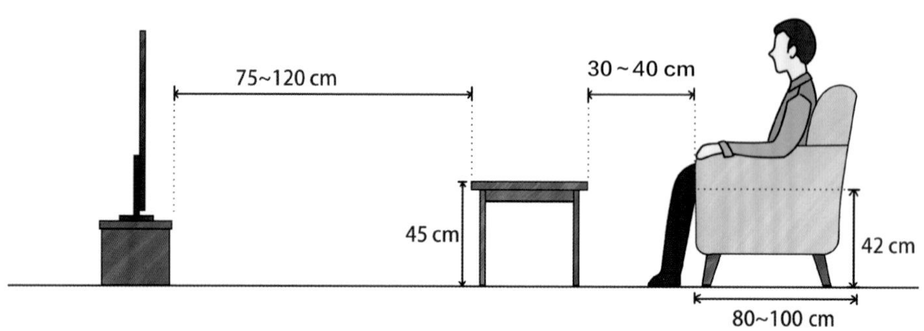

座位高的沙发让人坐得更加规矩，与茶几之间的距离可以相应缩小，方便拿取物品

03

餐厅空间功能尺寸

餐桌与餐厅的空间比例一定要适中，尺寸、造型主要取决于使用者的需求和喜好，餐桌大小不超过整个餐厅的三分之一是常用的餐厅布置法则。摆设餐桌时，必须注意一个重要的原则：留出人员走动的动线空间。通常餐椅摆放需要 40~50 cm 的空间，人站起来和坐下时需要距离餐桌 60 cm 左右的空间，从坐着的人身后经过，则需要距餐椅 60~90 cm 的空间。

摆设餐桌应留出的动线空间

无论是方桌还是圆桌，餐桌与墙面间应保留 70~80 cm 的间距，一方面方便拉开餐椅后人们仍有充裕的行动空间，另一方面防止拉开椅子之后靠到墙面时，造成墙面与餐椅的损伤。如果餐桌位于动线上，餐桌与墙面之间除保留椅子拉开的空间外，还要保留约 60 cm 的走道空间，所以餐桌与墙面至少有一侧的距离应保留 100~130 cm，以便于行走。

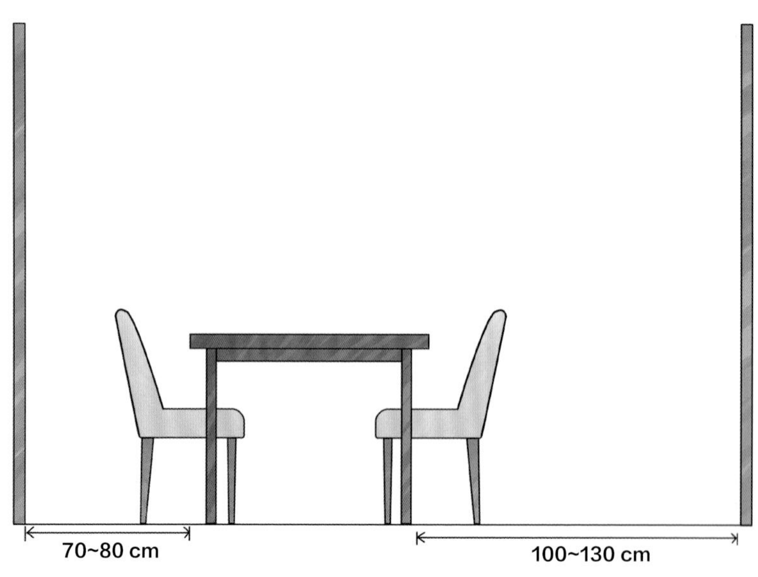

餐桌与墙面距离

◆ 餐桌陈设方案

餐桌居中

在考虑餐桌的尺寸时，还要考虑到餐桌离墙的距离，一般控制在70~80 cm 比较好，这个距离是包括把椅子拉出来，以及能使就餐的人方便活动的最小距离。

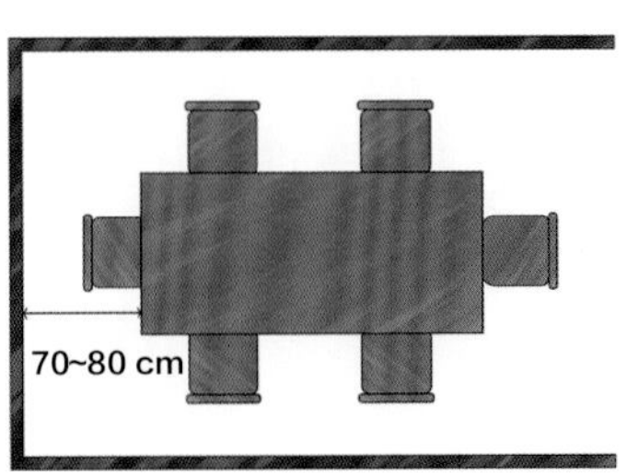

餐桌靠墙

有些小户型中，为了节省餐厅极其有限的空间，将餐桌靠墙摆放是一个很不错的方式，虽然少了一面摆放座椅的位置，但是却缩小了餐厅的范围，对于两口之家或三口之家来说已经足够了。多人用餐时，也可把餐桌移到中间，采用折椅用餐也是可考虑的方式。

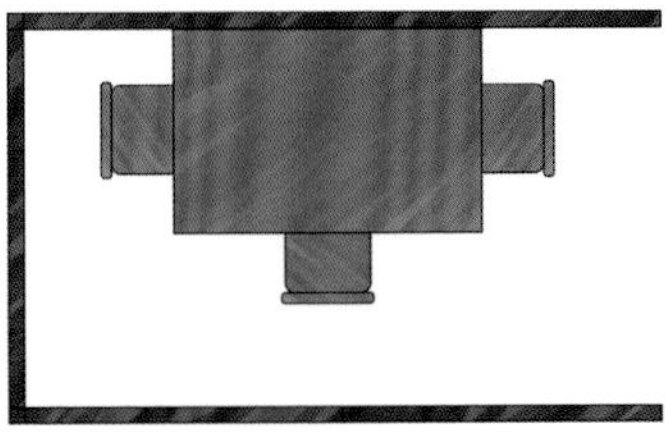

餐桌于厨房中

要想将就餐区设置在厨房，需要厨房有足够的宽度，可折叠的餐桌是一种不错的选择。通常操作台和餐桌之间建议留出 90~130 cm 的间距，可以让两人并肩通行。

还有一种方式就是将餐桌与橱柜相连，既增加橱柜台面的操作空间，也增加了实用性。

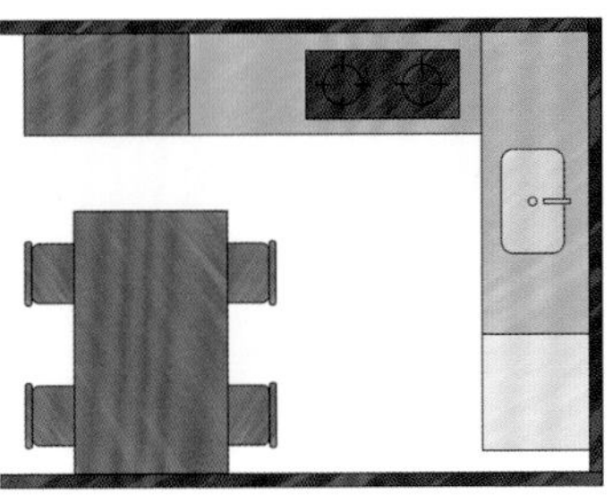

04

卧室空间功能尺寸

将床摆放在中间的方式较为常见。位置确定后，先就床的侧边与床尾剩余空间宽度，来决定衣柜的摆放位置。床的周围不止需要留出能够过人的空间，还需要为整理床铺留出一定的空间。床与平开门的衣柜之间要留出 90 cm 左右的空间，推拉门与折叠门的衣柜则只需与床之间留出 65 cm 左右的空间，这个宽度包括柜门打开与人站立时会占掉的空间。如果想摆放床头柜，床头旁边需留出 50~60 cm 的宽度，床头柜可顺手摆放眼镜、手机、台灯等小物品。

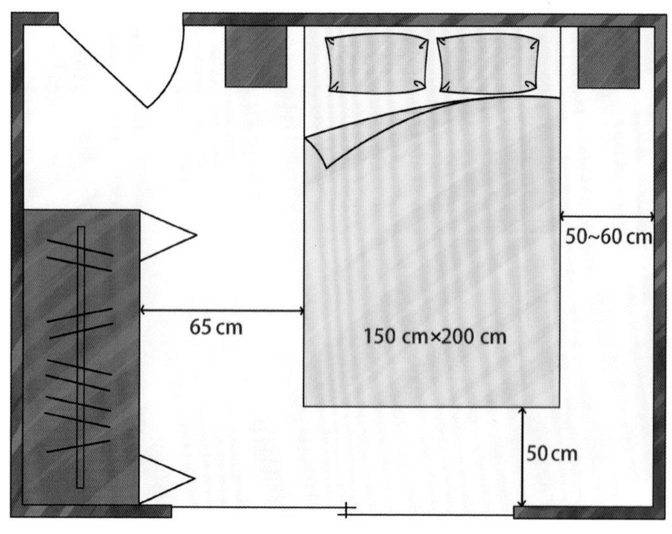

卧室空间常规布置

如果空间较小，床不能按正常的位置摆放，可选择将床靠一侧墙面摆放，但是为了铺设床单更加便利，通常靠墙一侧需留出 10 cm 作为操作空间。床头两侧至少要有一边离侧墙有 65 cm 的宽度，主要是为了便于从侧边上下床。

空间太小又希望拥有更多的储物空间，可采用榻榻米的设计，既满足卧室的功能需求，又增加空间的储物空间。

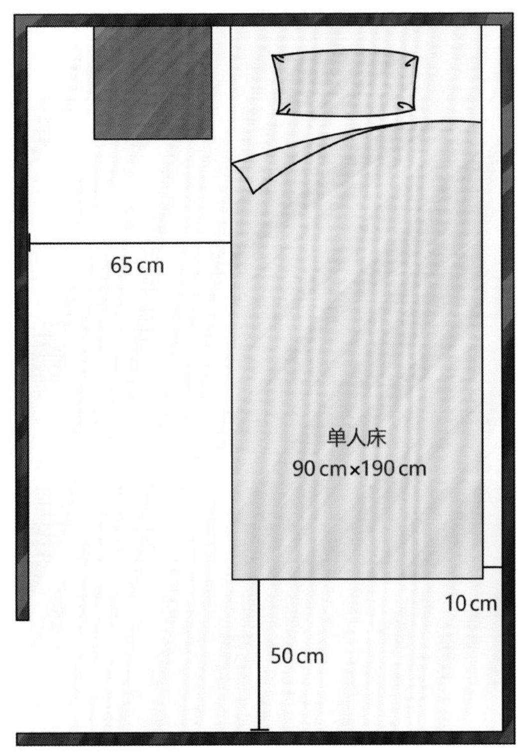

把床靠墙摆放的空间布置

衣柜是卧室中比较占空间的一种家具。衣柜的正确摆放可以让卧室空间分配更加合理。布置时应先明确好卧室内其他固定位置的家具，根据这些家具的摆放选择衣柜的位置。确定衣柜的门板在使用时不会与床发生碰撞，且可留出适当的行走空间，其余如床边柜、梳妆台等家具，可利用剩下的空间再做配置。

衣柜深度需 60 cm，衣柜门打开时不会碰到床，因此之间的过道需留至 45~65 cm；若是一人拿取衣服，后方可让另一人走动，则需留至 60~80 cm。

◆ **衣柜陈设方案**

床边摆设衣柜

房间的长大于宽的时候，在床边的位置摆设衣柜是最常用的方法。在摆放时，衣柜最好离床边的距离大于 1 m，这样可以使日常的动线更加合理。

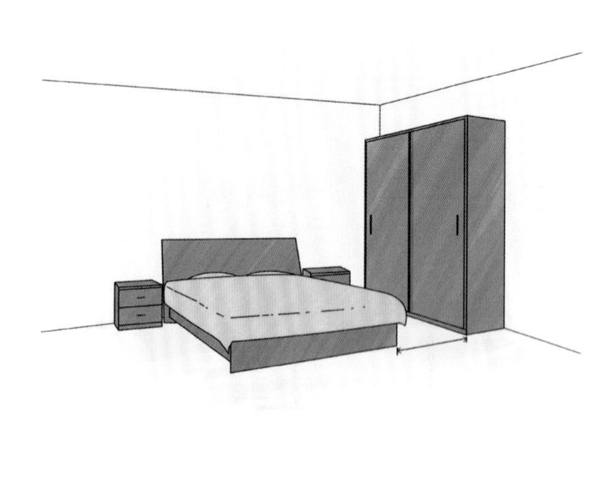

床尾摆设衣柜

如果卧室左右两边的宽度不够，建议考虑把衣柜放在床尾位置，但要特别注意柜门拉开来以后的美观度，可以考虑做些抽屉和开放式层架，避免把堆放的衣物露在外面。这类设计形式应注意床尾与衣柜之间应留出45~65 cm 的距离。如果需要在房间中摆放电视机，则需要在设计衣柜时就将其考虑在内。

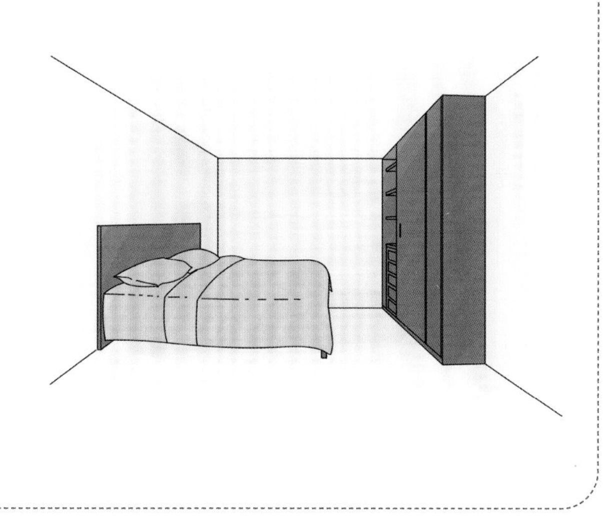

床头摆放衣柜

面积受限的卧室空间，可采用床头背景与衣柜做成一体的设计方式，既满足了卧室空间的储物功能需求，又融合了背景造型的设计。但需注意床头位置的深度，若做成 50 cm 深度的柜子，应封掉 25~35 cm 的床头摆放位置，否则人躺在床上会显得压抑。

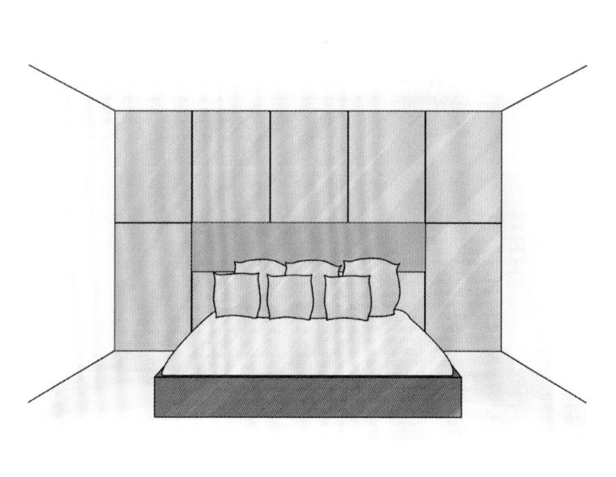

05

儿童房空间功能尺寸

儿童房空间的功能布局一方面需按照孩子的性别、身高进行设计，另一方面则需考虑孩子的成长空间及未来的使用需求。儿童房可采用更多活动式的家具，方便今后的变更使用。

相比大人的房间，儿童房需要具备的功能更多，除睡觉之外，还要有储物空间、学习空间，以及活动玩耍的空间，所以需要通过设计使得儿童房空间变得更大。建议把床靠墙一侧摆放，使得原本床边的两个过道并在一起，变成一个很大的活动空间，而且床靠一侧对儿童来讲也是比较安全的。

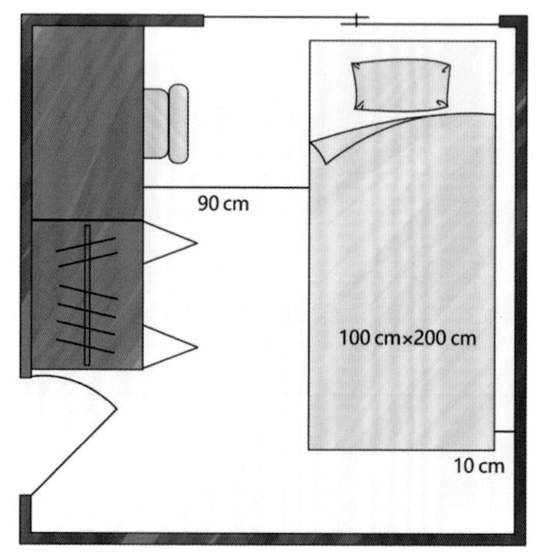

方正形的儿童房格局，将书桌和衣柜并排摆放，
与床之间留出合适的距离。这里也可以将书桌与柜子组合设计

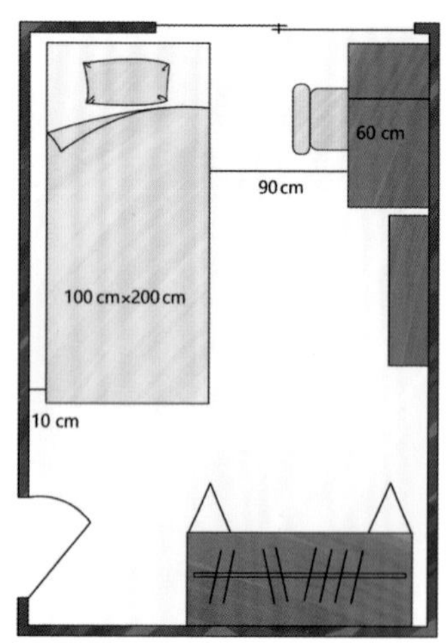

狭长形的儿童房格局，睡觉、学习、储物三大功能一个不少，
并将书桌背床而放，更能使孩子专心学习

06

厨房空间功能尺寸

厨房的主要功能是烹调、洗涤，有的还具备就餐功能，是家务劳动进行最多的区域之一。我国《住宅设计规范》（GB 50096—2011）中规定，厨房的最小面积为 4~5 m^2。如果小于这个数值，室内的热量聚集就会过大，从而降低舒适度，同时燃烧煤气散发出的一氧化碳和氮氧化物也会对人体有一定的影响。

厨房在布局时需要满足有足够的操作空间、储物空间等条件，要满足这些条件，就需要对人在厨房中的活动进行规划。除了常见的单排和双排布置设备的格局之外，如果空间允许，可尽量做成 L 形的布置形式，使操作台的空间、水池与灶台的间距变大，更方便使用。

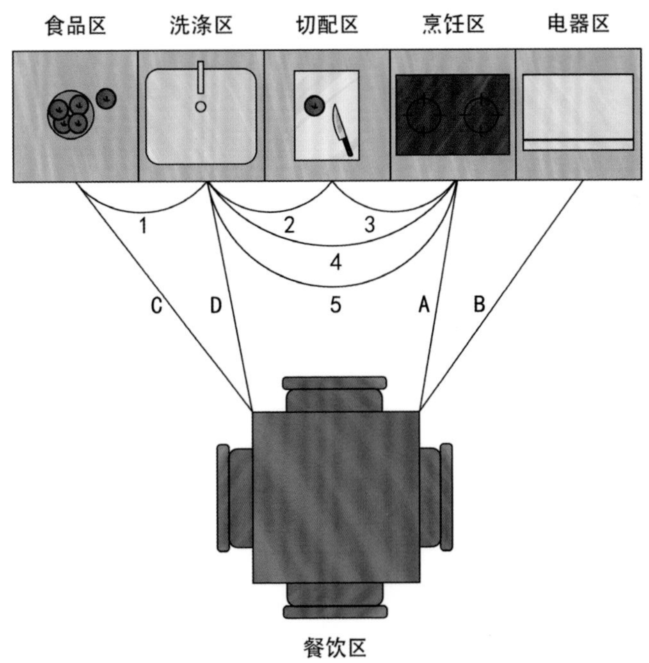

厨房内外动线

数字为内部动线，字母为外部动线

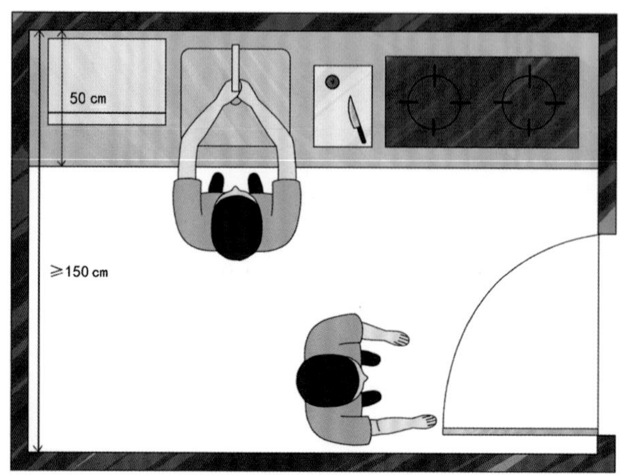

单排布置设备的厨房，操作台最小宽度为 50 cm，考虑操作人下蹲打开柜门，要求最小净宽为 150 cm。

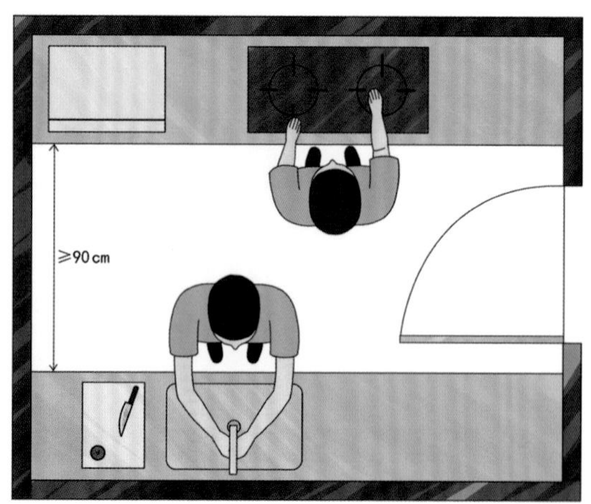

双排布置设备的厨房，两排设备之间的距离按人体活动尺寸要求，不应小于 90 cm。

以身高 160 cm 的使用者为标准，最符合人体使用的灶台与水槽的台面高度约 85 cm，橱柜台面尽量不要出现高低落差。计算方式如下：

最符合手肘使用：煤气灶 =（身高 /2）+5 cm

最符合腰部使用：水槽台面 =（身高 /2）+10 cm

一般料理动线依次为水槽、操作台和灶具，中央的料理台以 75~90 cm 为佳，可依需求增加长度，但不建议小于 45 cm，会难以使用。操作台多半需依照水槽和灶具深度而定，常见的深度为 60~70 cm。冰箱深度约为 60~70 cm，如果是内嵌设计的话，最好为冰箱的左右两侧各预留出 10 cm 左右的散热空间。吊柜的深度不宜大于 350 mm，其距离操作台面的高度通常在 70~75 cm 之间。

舒适厨柜高度

◆ 室内设计中的人体数据应用

名称	空间宽度尺寸（mm）	名称	空间宽度尺寸（mm）
燃气灶	≥ 750	微波炉	≥ 600
吸油烟机	≥ 900	消毒柜	≥ 600
单池洗涤池	≥ 600	洗碗机	≥ 600
双池洗涤池	≥ 900	单开门电冰箱	≥ 700
电烤箱	≥ 600	嵌入式电冰箱	≥ 600
双开门电冰箱	≥ 1000	燃气热水器	≥ 600

07

卫浴空间功能尺寸

卫浴空间可分成干湿两区来考虑，一是盥洗台和坐便器的干区，二是淋浴空间或浴缸的湿区。其中盥洗台和坐便器是日常生活必备的功能需求，因此需优先定位，剩余的空间再留给湿区。淋浴空间所需的尺度较小，在小空间内就建议以淋浴取代浴缸，若是空间非常狭小，甚至可以考虑将盥洗台外移，使洗浴更为舒适。

盥洗台本身的尺寸为 48~62 cm 见方，两侧再分别加上 15 cm 的使用空间。这是因为在盥洗时，手臂会张开，因此左右需预留出张开手臂的宽度。盥洗台离地的高度则为 70~85 cm，可尽量做高一些，以减缓弯腰过低的情形。

如果采用台上盆，台盆柜台面的完成面在 70~75 cm 比较合适；如果采用台下盆，台面的高度需要在 80~85 cm 之间，台上盆因款式不同，高度也有差别。最好是选好盆的样式之后，再根据盆的高度来确定柜体的高度。

台盆柜按深度尺寸的不同可选择相应的台盆：深度在 40~45 cm 的建议采用半挂盆或者圆弧形台盆；深度在 45~50 cm 的可采用台上盆或者口径较窄的台下盆；深度可做到 55~65 cm 之间的台盆柜选择余地较大，几乎任何款式的台盆都可安装。

盥洗台尺寸

如果卫浴空间使用两个盥洗台，就必须考虑到会有多人同时进出洗漱的情形。一般来说，一人侧面宽度为 20~25 cm，一人肩宽约为 55 cm，想要行走得顺畅，走道就需留出 60 cm 的宽度。因此一人在盥洗，另一人要从后方经过时，盥洗台后方至少需留出 80 cm 的宽度才合适。

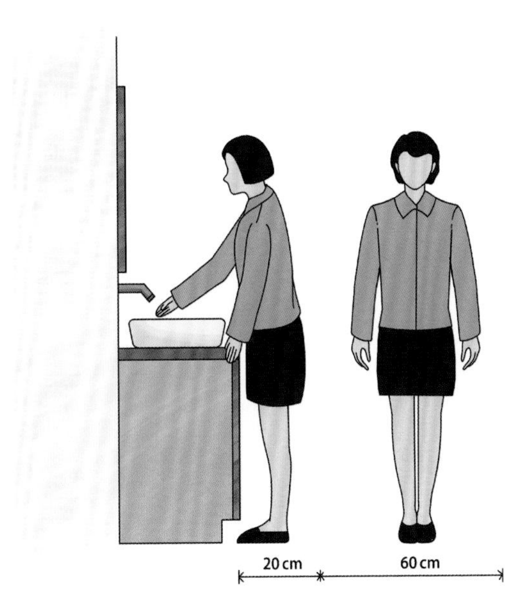

盥洗台预留空间

坐便器面宽的尺寸在 45~55 cm 之间，深度为 70~75 cm。前方需至少留出 60 cm 左右的回旋空间，一方面方便日常的行走，另一方面防止下蹲时头撞墙上。坐便器两侧也需分别留出 15~20 cm 的空间，起身才不觉得拥挤。

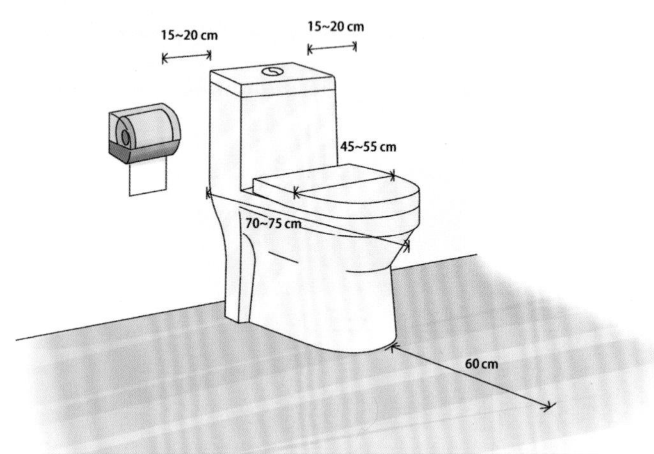

淋浴房可以分为一字形淋浴房、方形淋浴房、钻石形淋浴房、弧形淋浴房等。如果空间允许的话，建议采用钻石形淋浴房，门尽量内开，这样可以为干区腾出足够的活动空间。

正方形空间的最小尺寸为 90 cm × 90 cm，再大可扩至 110 cm × 110 cm，但边长建议不超过 120 cm，否则会感到有点空旷。若淋浴区采用向外开门的方式，需注意前方需留出至少 60 cm 的回旋空间，且应避免开门打到坐便器。

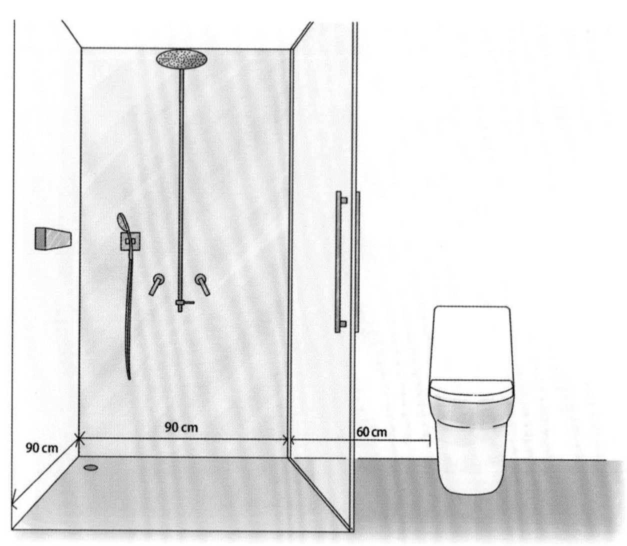

为了让空间有效利用，可选择镜柜增加收纳功能，镜柜一般安装在主柜的正中位置，两边各缩进 50~100 mm 为宜，高度以人站在镜子前，头部在镜子的正中间最为合适，镜柜下沿离地高度一般为 115~130 cm，这个高度同时也是拿取柜内物品最轻松的高度。因镜柜外凸，需注意水龙头的高度位置。通常情况下，镜柜下沿到台面的距离为 35~45 cm，方便台上盆水龙头的操作使用。

如果使用镜柜，要注意手触到镜柜的深度是否会太远，如果盥洗台深度为 60 cm 且镜柜采用内嵌的形式，盥洗台深度加上 15 cm 的镜柜深度，会造成手伸进去拿取物品不方便，身体必须前倾才能拿到。这种情况下建议镜柜采用外凸的形式较好。外凸的镜柜深度在 12~15 cm 为宜，如果外凸太多会影响到台盆的正常使用，洗脸时容易撞头。

内嵌式镜柜

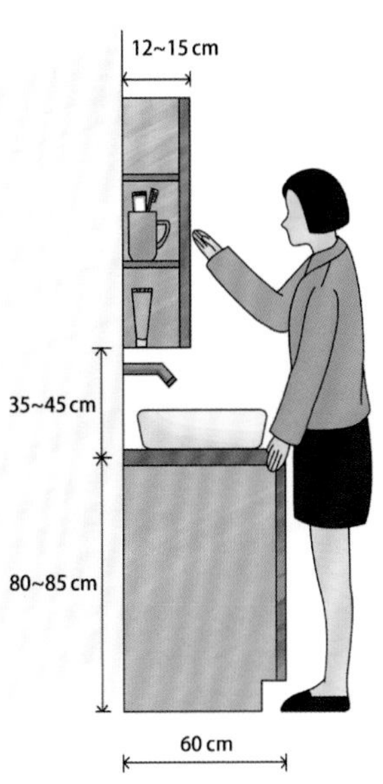

外凸式镜柜

FURNISHING

DESIGN

SIZE

室内家具规格尺寸

F u r n i s h i n g

Design

第一节/ 沙发类家具

一般来说，沙发类的室内家具标准尺寸数据并不是一成不变的。由于沙发设计的风格不同，所造成的沙发尺寸也略有差异。室内家具标准尺寸最主要的依据是人体尺度，如人体站姿时伸手最大的活动范围。坐姿时的小腿高度和大腿的长度及上身的活动范围、睡姿时的人体宽度、长度及翻身的范围等都与家具尺寸有着密切的关系。

沙发的尺寸是根据人体工程学确定的。通常单人沙发宽度为 80~100 cm，双人沙发宽度为 160~190 cm，三人沙发宽度为 210~240 cm（有些定制的三人沙发宽度可达到 260~270 cm）。深度一般都在 80~110 cm。沙发的座高应与膝盖弯曲后的高度相符，才能让人感觉舒适，通常沙发座高应保持在 35~45 cm。

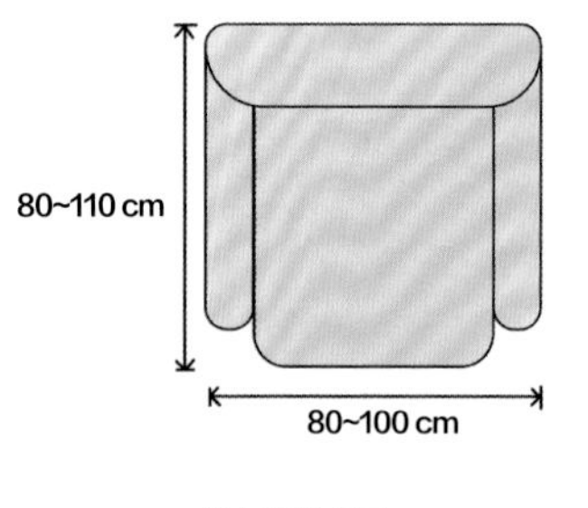

单人沙发尺寸

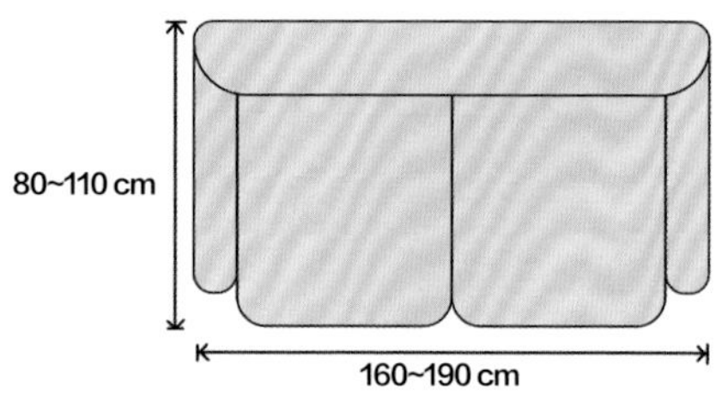

双人沙发尺寸

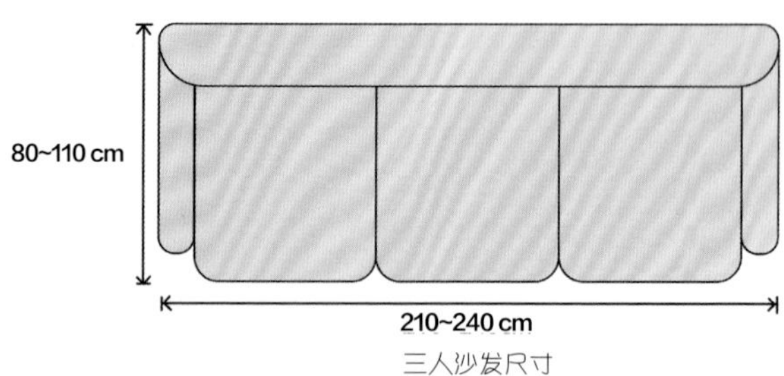

三人沙发尺寸

沙发因其风格、样式多变，所以，很难有一个绝对的尺寸标准，只能是有一些常规的参考尺寸。沙发的宽度与高度由于种类不同而差别较大，其宽度越大所占用走道的空间也越大。沙发的座高应与膝盖弯曲后的高度相符，才能让人感觉舒适，通常沙发座高应保持在35~45 cm。沙发按照高度可分为高背沙发、普通沙发和低背沙发三种类型。

低背沙发靠背高度较低，一般距离座面 37 cm 左右，靠背的角度也较小，不仅有利于休息，而且挪动也比较方便、轻巧，占地亦较小。普通沙发的靠背与座面的夹角过大或过小都将造成使用者的腹部肌肉紧张，产生疲劳。座面的宽度一般要求在 54 cm 之内，这样可以随意调整坐姿，让人感到更舒适。高背沙发的特点是有三个支点，使人的腰部、肩部和后脑同时靠在曲面靠背上，十分舒服。

◆ 常见沙发尺寸数据

类别	尺寸
单人沙发的扶手高度	一般为 560~600 mm
单人式沙发背高	一般为 700~900 mm
单人式沙发宽度	一般为 800~950 mm
单人式沙发深度	一般为 850~900 mm
单人式沙发坐垫高	一般为 350~420 mm
普通沙发的可坐深度	一般为 430~450 mm
普通沙发的适当宽度	一般为 660~710 mm
双人式沙发宽度	一般为 1 260~1 500 mm
双人式沙发深度	一般为 800~900 mm
三人式沙发宽度	一般为 1 750~1 960 mm
三人式沙发深度	一般为 800~900 mm
四人式沙发宽度	一般为 2 320~2 520 mm
具有一定开放感的矮式沙发宽度	大约为 890 mm

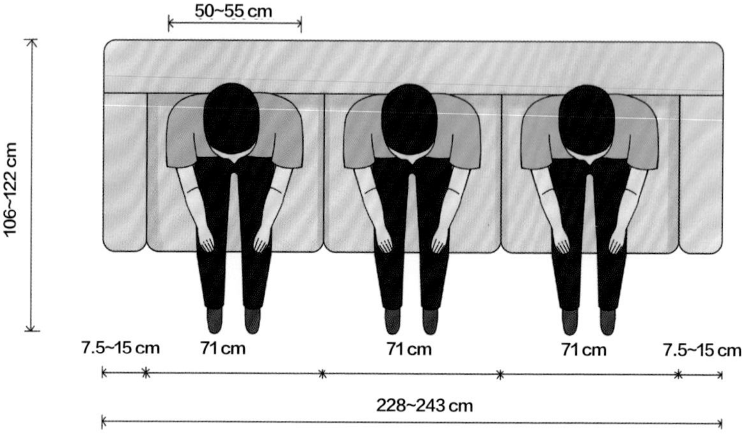

三人沙发（男性）

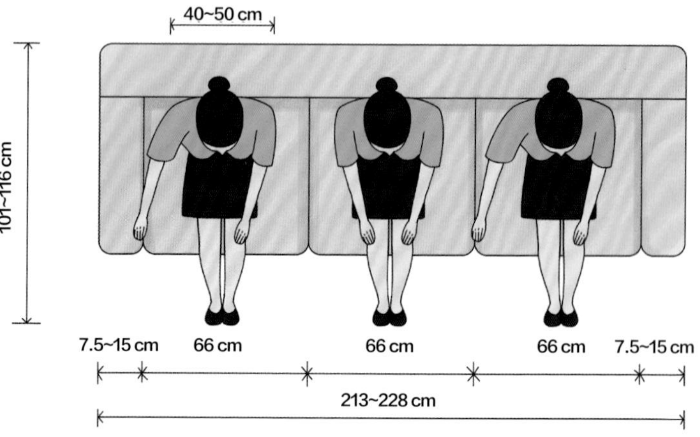

三人沙发（女性）

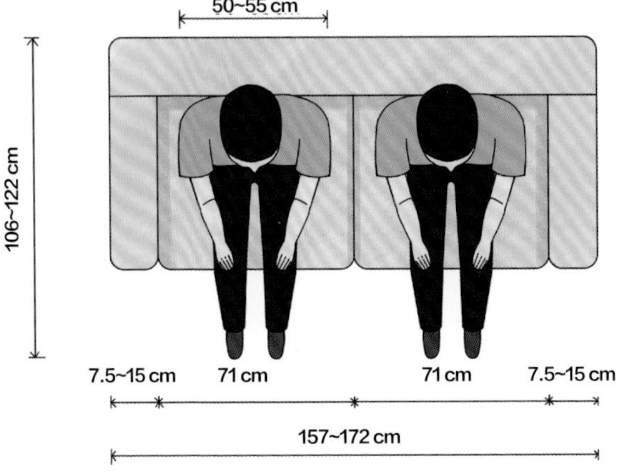

双人沙发（男性）

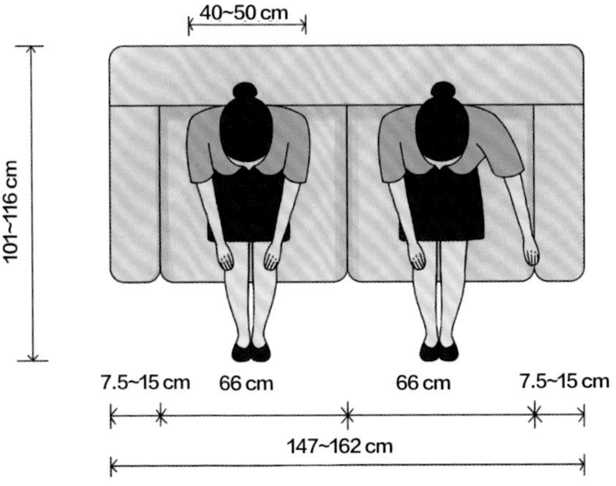

双人沙发（女性）

第二节 / 床榻类家具

01 成人床尺寸

卧室的主要功能就是供人休息，所以睡眠区是卧室的重中之重，而睡眠区最主要的软装配饰就是床，它也是卧室空间中占据面积最大的家具。在设计卧室时，首先要设计床的位置，然后依据床位来确定其他家具的摆放位置。也可以说，卧室中其他家具的设置和摆放位置都是围绕着床的摆放而展开的。

在室内家具标准尺寸中，床的宽度和长度没有太大的标准规定，不过对于床的高度却有一定的要求，那就是从被褥面到地面之间的距离为 44 cm 才是属于一个健康的高度，因为如果床沿离地面过高或过低，都会使腿不能正常着地，时间长了腿部神经就会受到挤压。

实际计算床尺寸的方法如下：

计算床宽

床的尺寸需要考虑到几人使用，单人床宽度一般为仰卧时人肩宽的 2~2.5 倍。双人床宽一般为仰卧时人肩宽的 3~4 倍。成年男人肩宽平均大约为 410 mm。为此双人床宽度不宜小于 1 230 mm，单人床宽度不宜小于 820 mm。也有计算床宽根据比标准尺寸大 100~200 mm 来确定。

计算床长

床的长度是指两床屏板内侧或床架内的距离。计算床长的公式如下：床长 =1.03 倍身高（1 775~1814 mm）+ 头顶余量（大约 100 mm）+ 脚下余量（大约 50 mm）≈ 2 000~2 100 mm。

计算床高

床高也就是床面距地面的高度。床高一般与椅坐的高度一致。一般床高为 400~500 mm。

通常布置卧室的起点就是选择适合的床，除非卧室面积很大，否则不建议选择加大双人床。因为一般人都不太清楚空间概念，如果在选购前想知道所选的床占了卧室多少面积，可以尝试简单的方法：用有颜色的胶带将床的尺寸贴在地板上，然后在各边再加 30 cm 宽，这样的大小可以让人绕着床边缘走动。

◆ 床尺寸数据

项目	尺寸
单人床宽度	90 cm、105 cm、120 cm
单人床长度	一般为 180 cm、186 cm、200 cm、210 cm
双人床宽度	一般为 135 cm、150 cm、180 cm
双人床长度	一般为 180 cm、186 cm、200 cm、210 cm
圆床直径	圆形床尺寸大小不一，没有统一的标准。常见的有 186 cm、212.5 cm、242.4 cm 等
圆床高度	一般在 I00 cm 以内。常见的圆形床高度为 80 cm、88 cm 等
婴儿床	国内婴儿床（可用到 3 岁左右）长度大部分约为 120 cm；欧美的婴儿床（可用到 6 岁左右）长度一般约为 140 cm，宽度约为 78 cm
1.2 m 床尺寸	1.2 m 床大约宽度为 120 cm，长度为 180~200 cm
1.5 m 床尺寸	1.5 m 床是标准的双人床，其宽度约为 150 cm ，长度为 190~200 cm
1.8 m 床尺寸	1.8 m 床是大的双人床，其尺寸大约为 180 cm × 200 cm、180 cm × 205 cm、180 cm × 210 cm 等
2 m 床尺寸	2 m 床在市场上较为少见，其尺寸大约为 200 cm × 200 cm 、200 cm × 205 cm 、200 cm × 210 cm 等

02

儿童床尺寸

儿童床一方面要按照孩子的身高、性别进行选择，另一方面要尽可能地考虑到孩子的成长速度，因此可以选择一些可调节式的家具，不仅能跟上孩子迅速成长的脚步，而且还能让儿童房显得更富有创意。

学龄前的宝宝，年龄 5 岁以下，身高一般不足 1 m，建议选择长度为 100~120 cm，宽度为 65~75 cm 的床，此类床高度通常约为 40 cm。

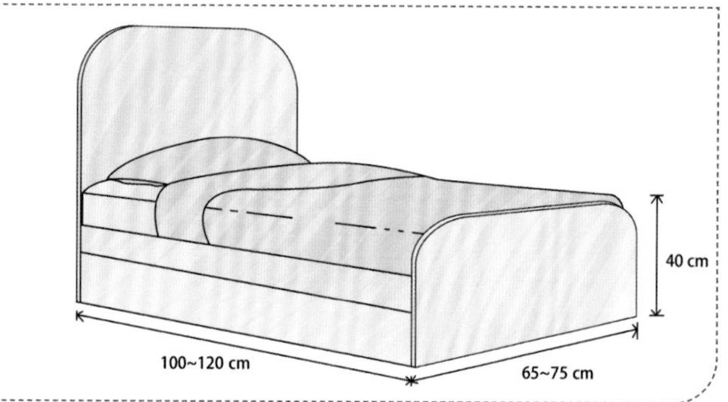

学龄期儿童则可参照成人床的尺寸来购买，即长度为 192 cm、宽度为 80 cm、90 cm 和 100 cm 三个标准，高度以在 40~44 cm 为宜。

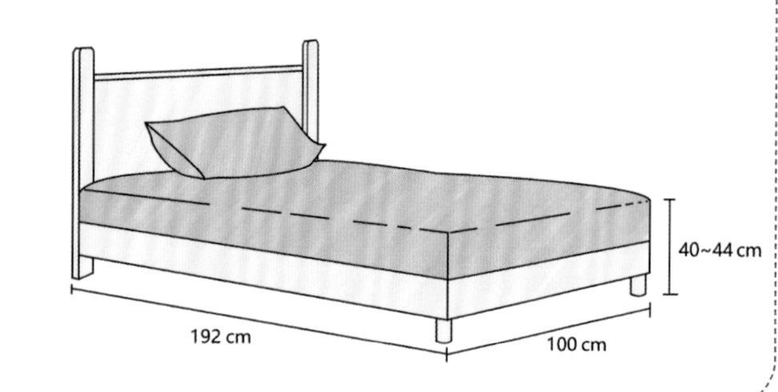

如果选择双层高低床，上下层之间净高应不小于 95 cm，才不会使住下床的宝宝感到压抑，上层也要注意防护栏的高度，保证宝宝的安全。也可以在下层设计收纳区域与装饰区域，或者是学习区域。

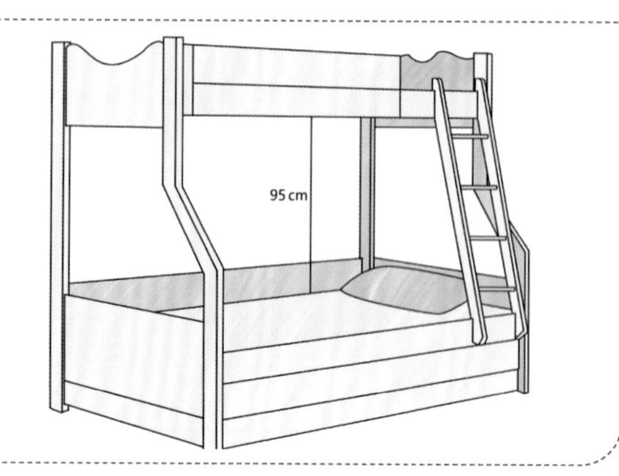

03 榻榻米尺寸

如果觉得家里收纳空间不足，设置一个收纳型的榻榻米不失为一个很好的选择。榻榻米相当于一个大型储物箱，换季的被褥和衣物，或者是卧室的零碎物品，都可以被收纳其中。而且隐形收纳能让室内空间显得更加整洁干净。

榻榻米的长度可根据空间大小进行定制，若空间允许，则榻榻米的长度一般为 170~200 cm，宽度 80~96 cm。榻榻米的高度应结合空间的层高考虑，一般情况下，高度为 42~45 cm 的完成面比较合适。另外需预留出 3~5 cm 的垫子的厚度，若摆放床垫，则需预留出 20 cm 的厚度。

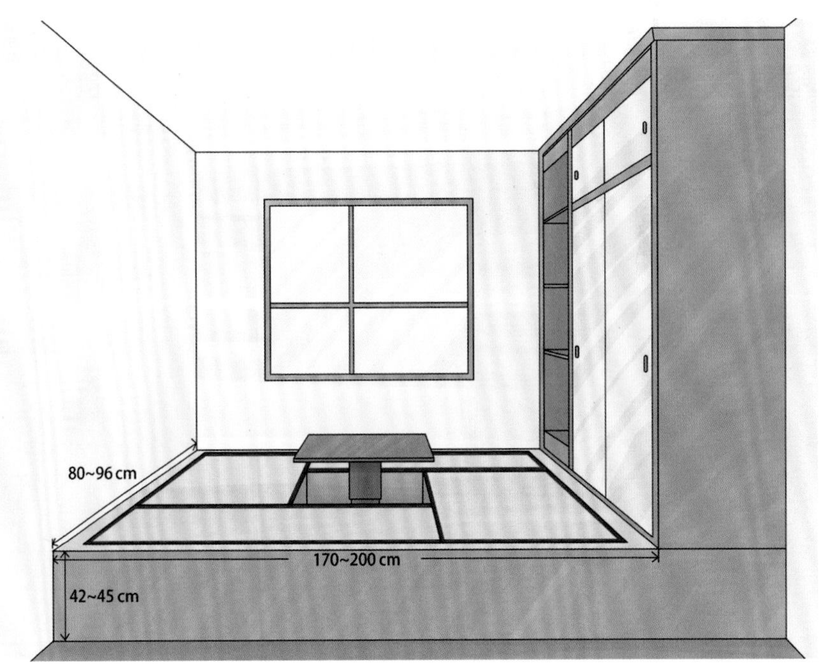

榻榻米常规尺寸

高度 25 cm 的榻榻米一般适合于上部加放床垫或者做成小孩玩耍的空间。

高度 30 cm 以下的榻榻米较适合设计侧面做抽屉式储藏。

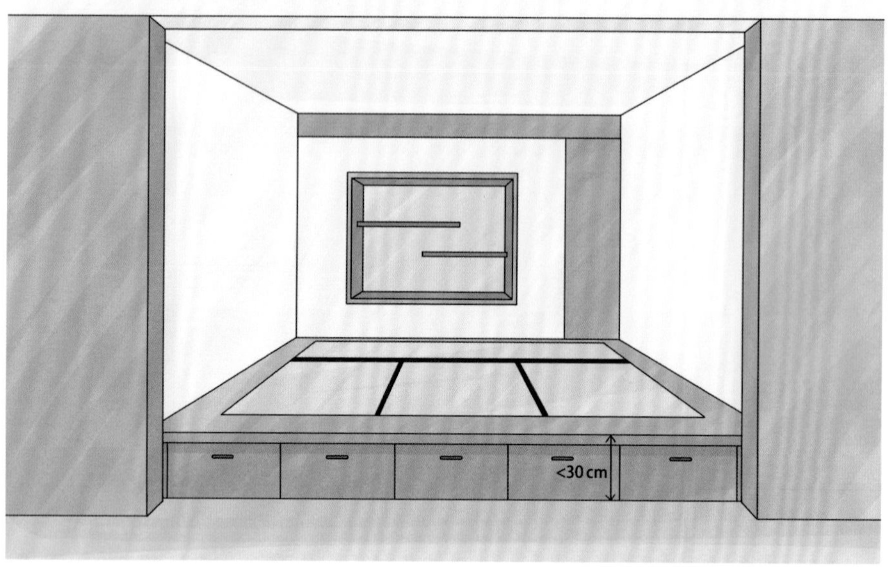

如果是高度超过 40 cm 的榻榻米，则可以考虑整体做成上翻门式储藏，支撑杆建议采用液压的铰链。

◆ 榻榻米尺寸数据

项目	尺寸数据
参考长度	170~200 cm
参考宽度	80~96 cm
垫子参考厚度	3、4、5.5 cm
参考高度	25~50 cm
常规矩形榻榻米的长度比	长：宽 =2 ：1
地台高度（不设计升降桌时）	15~20 cm
地台高度（有升降桌时）	35~40 cm
日式的榻榻米高出地面高度	30 cm
中式的榻榻米高出地面高度	15 cm

榻榻米安装升降台可以提高其使用效率。将升降台升起，可赋予其书房、茶室等的功能；而将升降台降下，则可作为一个临时的客卧或者休息区，完美地实现了一室多功能的使用效果。在制作升降台时，应适当预留出腿部活动空间，40~44 cm 之间的高度是比较舒适的，升降桌的宽度在 60~80 cm 为宜，具体应根据榻榻米的宽度而定。此外，在安装电动升降机时，应在底板下排布好随箱的电源线及电源插口，并开好底板上的出线孔。

在设计升降台时有几点需要注意：一是升降台是电动还是手动，如果是电动则需要预留电源；二是如果设计有升降台，地台的高度则要根据升降台的尺寸要求来确定。

榻榻米安装升降台的高度设置

第三节 / 柜类家具

01 鞋柜尺寸

鞋的收纳在玄关收纳中占据很大一部分，而鞋柜是把各种鞋分门别类收纳的最佳地方，看起来整洁方便。玄关的鞋柜最好不要做成顶天立地的款式，做成上下断层的造型会比较实用，分别将单鞋、长靴、包包和零星小物件等分门别类，同时可以有放置工艺品的隔层，上面可以陈设一些小物件，如镜框、花器等提升美感，给客人带来良好的第一印象。还可以将鞋柜设计为悬空的形式，不仅视觉上会比较轻巧，而且悬空部分可以摆放临时更换的鞋子，使得地面比较整洁。

通常普通的鞋柜正常高度为85~90 cm。到顶的鞋柜为了增加储物功能，通常采用上下柜的设计方式。下柜高度同样是85~90 cm，中间镂空为35~45 cm，剩下是上柜的高度尺寸。鞋柜深度一般是根据中国人正常鞋码的尺寸，不小于35 cm。鞋柜的下方可预留18~20 cm的高度，用来摆放居家的拖鞋，同时也可避免因为凌乱而影响美观度。

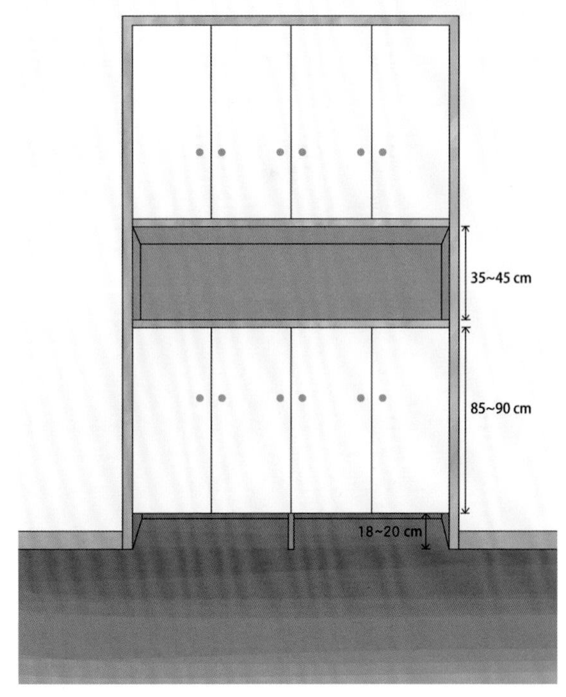

上下柜形式的鞋柜高度

鞋柜常受限于空间不足，小面积玄关通常需将收纳功能整合并集中于一个柜体，再经过仔细规划设计，才能将小空间的效能发挥到极致，满足所有收纳的需求。

经过调查，亚洲成年男性脚长度约为 30 cm；成年女性脚长度约为 25 cm。因此鞋柜内的深度一般为 35~40 cm，大鞋子也刚好能放下，但若把鞋盒也放进鞋柜，则深度至少要 40 cm，建议在定做或购买鞋柜前，先测量好自己与家人的鞋盒尺寸。

鞋柜内鞋子的放置方式有直插、平放和斜摆等，不同方式会使柜内的深度与高度有所改变，而在鞋柜的长度上，一层要以能放 2~3 双鞋为主，千万不能出现只能放一只鞋的空间。当鞋柜深度不到 20 cm 时，建议鞋子采用横放的方式摆放。

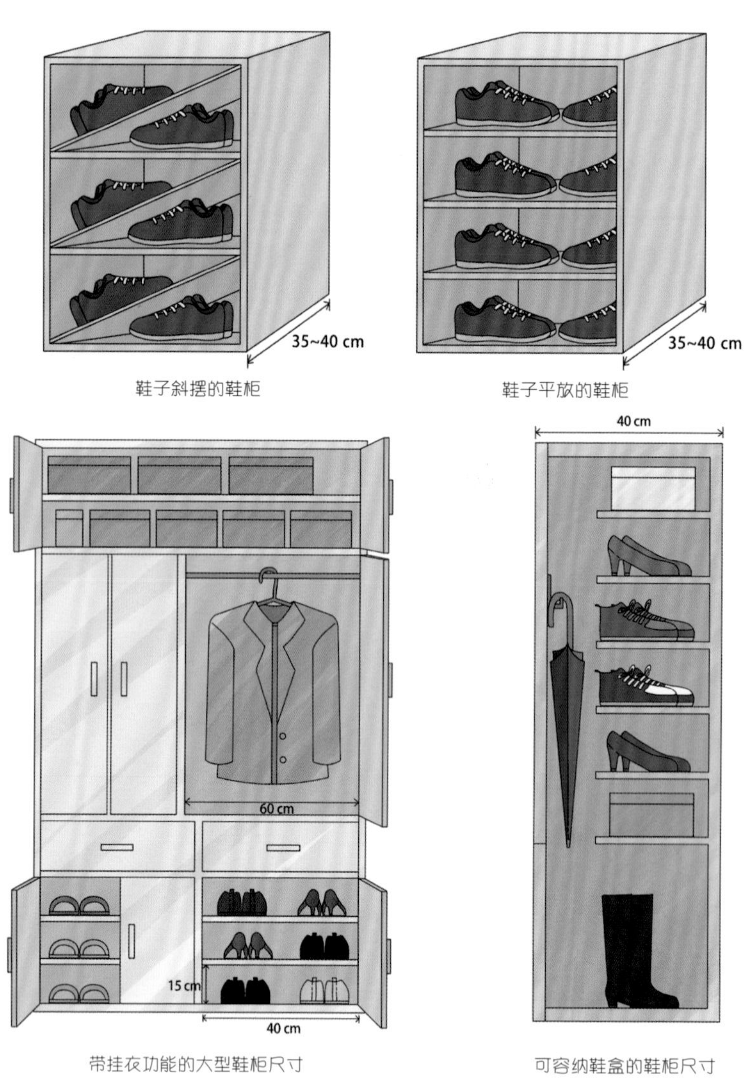

鞋子斜摆的鞋柜

鞋子平放的鞋柜

带挂衣功能的大型鞋柜尺寸

可容纳鞋盒的鞋柜尺寸

02

电视柜尺寸

电视柜的深度一般在 45~60 cm 之间，而长度设计一般要比电视机长三分之二左右，一般在 120~240 cm 之间，这样电视柜在用于摆放电视机的同时，还可以搭配一些其他装饰摆件。一般来说，电视柜的高度需保持在 40~60 cm；而在选择电视柜时，一定要考虑沙发的高度，坐在沙发上可以平视电视机的高度就是最合适的。

一般美式风格都选择造型厚重的整体电视柜来装饰整面墙，简约风格的客厅则常选用悬挂式电视柜。选择合适尺寸的电视柜主要考虑电视机的具体尺寸，同时根据房间大小、居住情况、个人喜好来决定电视机采用挂式或放置电视柜上。

常见电视柜尺寸

矮柜式电视柜

矮柜式电视柜是家居生活中使用最多、最常见的电视柜，根据摆放电视机那面墙的长度以及房间的风格，有很多种样式可供选择。矮柜式电视柜的储物空间几乎是全封闭的，而且方便移动，只占据极少的空间就能起到很好的装饰效果。

悬挂式电视柜

悬挂式电视的特点是悬挂在墙上，与背景墙融为一体。更多的时候，悬挂式电视柜的装饰作用超过了实用性，并且使得整个空间环境变得宽敞起来。有些悬挂式电视柜还兼具收纳柜的作用，既节省了空间，又增加了储物能力。

组合式电视柜

组合式电视柜的特点是可以和餐柜、装饰柜、地柜等柜子组合在一起，虽然比较占用空间，但具有更实用的收纳功能。在定制前需根据客厅面积确定电视机的摆放位置、电源和网络线的定位。

03

沙发吊柜尺寸

沙发墙上可利用吊柜或层板设计来增加功能，但要注意避免体量过大造成压迫感。吊柜和层板最低点距地高度一般为 160~180 cm(具体高度应根据人身高而定)，这样才不会发生撞头的情况。

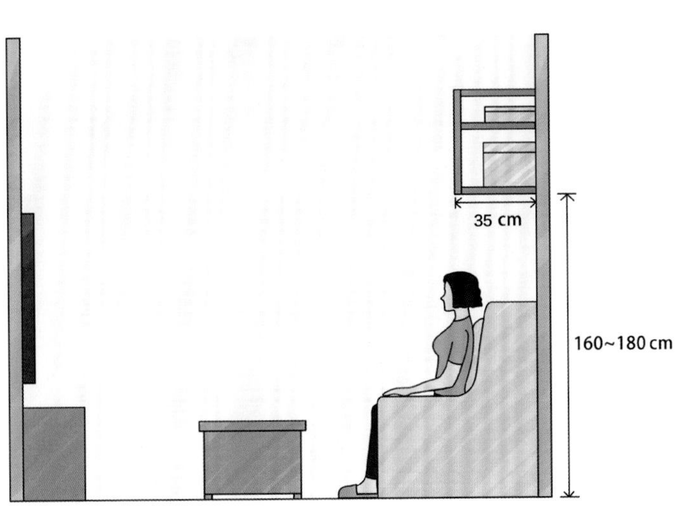

沙发墙吊柜

吊柜的深度建议不超过 35 cm，除了具备储物的功能之外，也不会造成压迫感。如果仅仅是摆放小饰品、书本等，尺寸较小，选用层板或 20 cm 深的吊柜即可。从沙发站起时也不容易撞到。

沙发墙层板

04

餐柜尺寸

餐柜的上柜多为展示之用，下柜则以收纳为主，尺寸应根据餐厅的大小进行设计。餐柜宽度因有单扇门、对开门及多扇门的款式而有所不同，单扇门约 45 cm，对开门则有 60~90 cm，而三、四扇门的餐柜多超过 120 cm 宽，具体的宽度可以根据需要制作。

餐柜深度可以是 40~50 cm，有不少款式会因上下柜功能不同而有深度差异。

餐柜高度一般为 85~90 cm，或者可以做到高度为 200 cm 左右的高柜，又或者直接做到顶，增加储物收纳功能，具体可根据放置餐柜的实际空间进行调整。

餐柜内部的层板高度为 15~45 cm，这取决于收纳物品的高矮，如马克杯、咖啡杯只需 15 cm 即可，酒类、展示盘或壶就需要约 35 cm，但一般还是建议以活动层板来应对不同高度的物品。

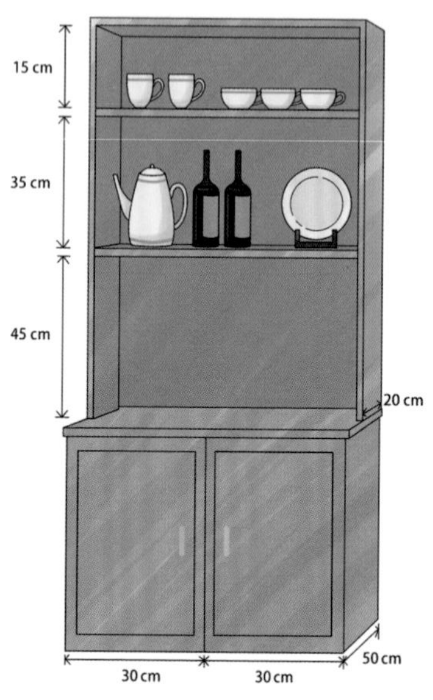

展示与收纳功能相结合的餐柜，因上下柜功能不同而有深度差异

具有实用功能的餐边柜高度通常为 85~90 cm

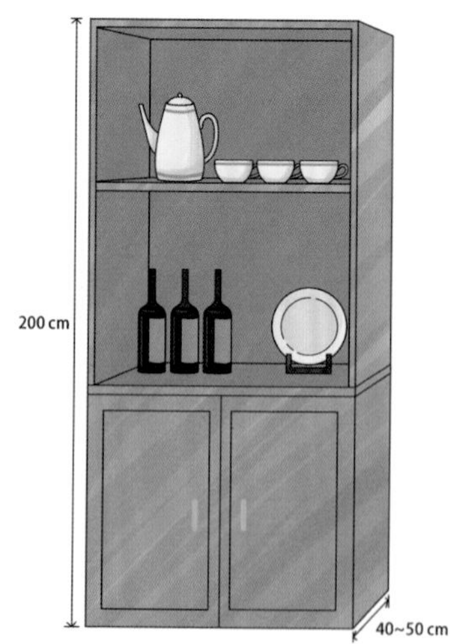

展示柜形式的餐柜高度可达 200 cm，深度多为 40~50 cm

如果要将电饭锅、微波炉等小家电放在餐柜，最好放置在中高段，方便取放。一般电饭锅的高度为 20~25 cm，深度为 25 cm；而微波炉和小烤箱的体积比较大，高度在 22~30 cm，深度 40 cm，宽度则在 35~42 cm。同时需要考虑到后方要有散热空间，因此柜体深度至少应在 45 cm。

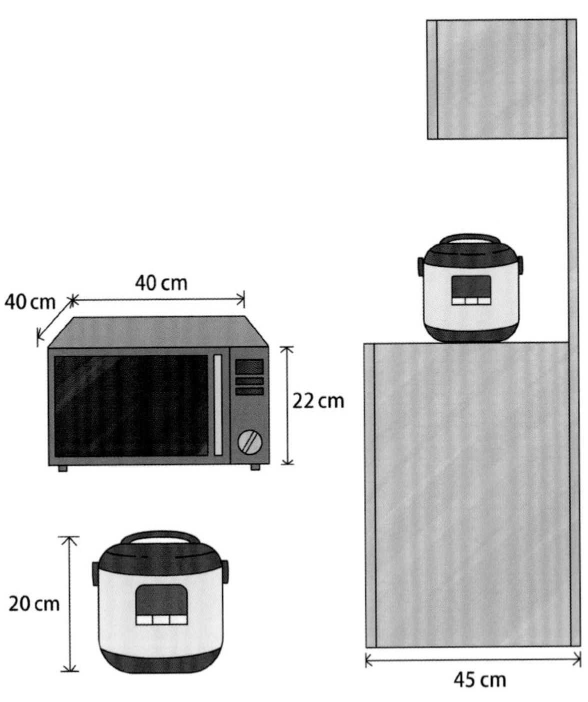

可放置微波炉或电饭锅的餐柜深度尺寸

对于餐厅面积较大的空间，可以考虑选择体积高大的餐柜；而对于餐厅面积稍小的餐厅，要重点兼顾餐柜的储物功能和少占空间。一般建议选择窄而长的墙面式餐柜，这样悬空的设计可以减少地面占用空间，产生空间更大的视觉效果，而且比一般的餐柜薄，也不会产生空间的压迫感。

地柜式餐柜

地柜式餐柜的高度很适合放置在餐桌旁，通常深度不超过 30 cm，柜面上的空间还可用来展示各类照片、摆件、餐具等。

半高柜式餐柜

半高柜形式收放自如，中部可镂空，沿袭了矮柜的台面功能，上柜一般做开放式比较方便常用物品的拿取。

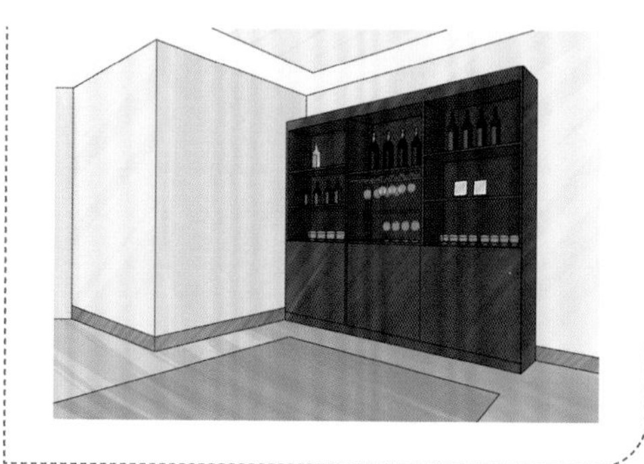

整墙式餐柜

一柜到顶的设计利用了整面墙，大大增加收纳功能。上下封闭，中间镂空。空格的部分可以摆设旅游纪念品和小件饰品，其他的柜子部分可以存放就餐需要的一些用品。

隔断式餐柜

如果餐厅与外部空间相连，整体空间不够大，又希望把这两个功能区分隔开来，可以利用餐边柜作为隔断，既省去了餐边柜摆放空间，又让室内更具空间感与层次感。

05

衣柜尺寸

在卧室家具中，无论是成品衣柜还是现场制作的衣柜，进深基本上都是 60 cm。但若衣柜门板为滑动式，则需将门板厚度及轨道计算进去，此时衣柜深度应做到 70 cm 比较合适。在空间允许的前提下，可根据主人的肩宽设置衣柜的进深（不包括移门的轨道厚度），成品衣柜的高度一般为 200 cm，现场制作的衣柜一般顶天立地，充分利用空间的同时也防止卫生死角。

因为衣柜有单门衣柜、双门衣柜及三门衣柜等分类，这些不同种类的衣柜的宽度肯定不一样，所以衣柜没有标准的宽度，具体要看所摆设墙面的大小，通常只有一个大概的宽度范围。例如单门衣柜的宽度一般为 50 cm，而双门衣柜的宽度则是在 100 cm 左右，三门衣柜的宽度则在 160 cm 左右。这个尺寸既符合大多数家居室内衣柜摆放的要求，也不会由于占据空间过大而造成室内拥挤或是视觉上的突兀。

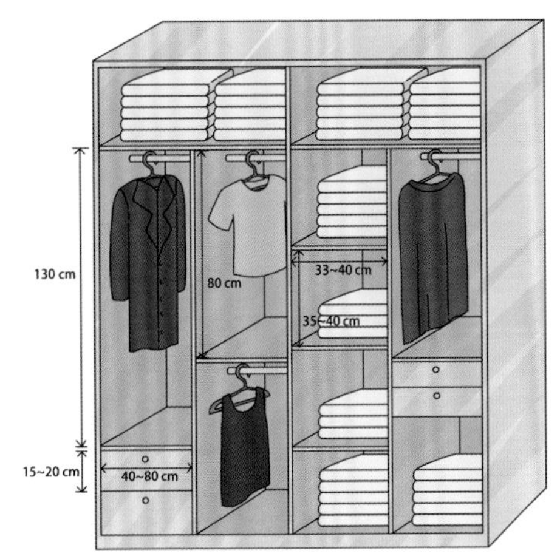

衣柜常规尺寸

◆ 衣柜移门尺寸

项目	尺寸
玻璃衣柜移门——单扇门宽度	70~95 cm
玻璃衣柜移门——单扇门高度	240~270 cm
板式衣柜移门——单扇门宽度	不超过 120 cm
板式衣柜移门——单扇门高度	240~270 cm
衣柜折叠门单扇宽度	35~45 cm
衣柜折叠门单扇高度	220~240 cm

续表

项目	尺寸
被褥区的高度	40~50 cm
被褥区的宽度（折叠摆放）	90~110 cm
长衣区的高度	短衣、套装最低 80 cm，长大衣不低于 130 cm
长衣区的宽度	根据放置长款衣服的件数来确定。45 cm 可供一人使用，人多适当加宽
抽屉的高度	15~20 cm
抽屉的宽度	40~80 cm
电视柜在衣柜里时的离地高度	不低于 45 cm，一般以 60~75 cm 为宜
叠放区的高度	叠放区一般高度为 35~40 cm。最好安排在腰到眼睛间的区域，以便拿取方便和减少进灰尘。家里有老年人、儿童，则需要将叠放区适当放大
叠放区的宽度	叠放区的宽度可以按衣物折叠后的宽度来确定，一般为 33~40 cm
挂衣杆到底板的距离	不能小于 90 cm，否则衣物会拖到底板上
挂衣杆到地面的距离	不能超过 180 cm，否则不方便拿取
挂衣杆的安装高度	使用者的身高加 20 cm
挂衣杆与柜顶的距离	不少于 6 cm，否则不方便取放衣架
裤架挂杆到底板的距离	不少于 60 cm，否则裤子会拖到底板上

续表

项目	尺寸
裤架高度	80~100 cm
鞋盒区的高度	可根据两个鞋盒子的高度来确定，一般为 25~30 cm
上衣区的高度	一般为 100~120 cm，不能少于 90 cm
上衣区的进深	55~60 cm
平开柜门的宽度	45~60 cm，不宜太宽
推拉柜门的宽度	60~80 cm
衣柜深度	60~65 cm
衣柜高度	200~240 cm
衣柜净深	55~60 cm
衣柜上端储物区高度	一般不低于 40 cm
整体衣柜背板的厚度	约为 0.9 cm
衣柜基材的常见厚度	1.8 cm、2.5 cm、3.6 cm
衣柜饰面板材的厚度	约为 0.3 cm
踢脚线高度	5~7 cm

◆ 常见衣柜类型

推拉门衣柜

推拉门衣柜又分为内推拉门衣柜和外推拉门衣柜。内推拉门衣柜是将衣柜门安置于衣柜内，个性化较强烈；外推拉门衣柜则相反，是将衣柜门置于柜体外，可根据家居环境结构及个人的需求来量身定制。推拉门上方的轨道可外凸安装在吊顶底部，也可在做吊顶时预留出凹槽轨道。

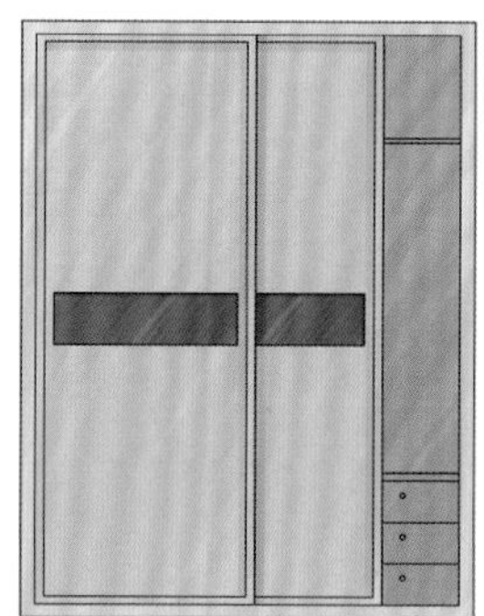

平开门衣柜

平开门衣柜在传统的成品衣柜里比较常见，靠衣柜合页将门板与柜体连接起来。这类衣柜档次的高低主要是看门板用材和五金品质两方面。建议将平开门衣柜门板的铰链多增加一个，以便增加稳定性和牢固度。

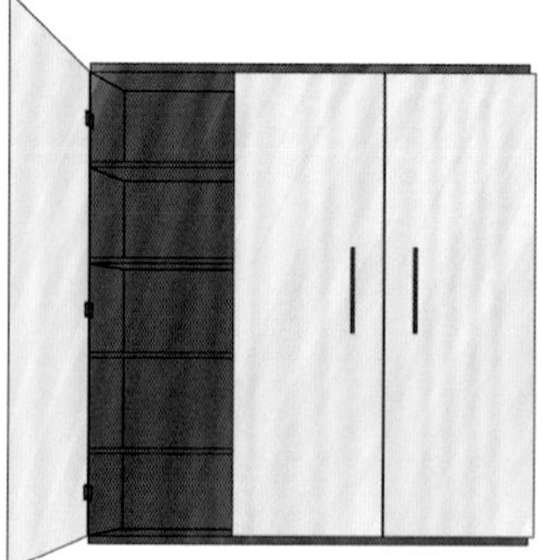

折叠门衣柜

折叠门在质量工艺上比移门要求高，所以好的折叠柜门在价格上也相对贵一些。这种门比平开门相对节省空间，比移门有更多的开启空间，对衣柜里的衣物一目了然。一些田园风格的衣柜也经常以折叠门作为柜门。折叠门的载重较大，上下滑轨容易出问题，建议采用高分子的轻质材料。

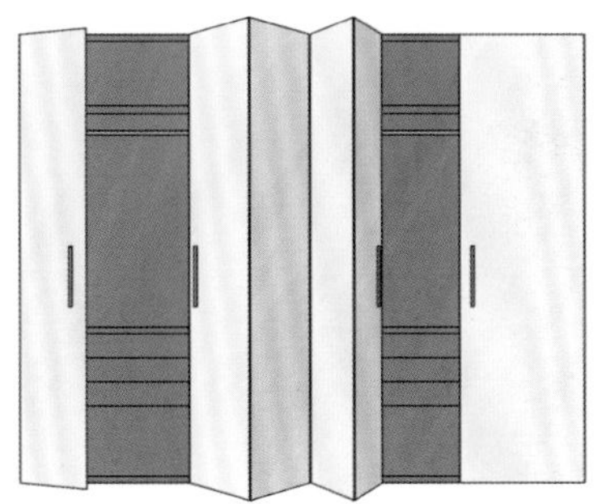

开放式衣柜

开放式衣柜也就是无门衣柜。这类衣柜的储存功能很强，而且比较方便，比传统衣柜更加时尚前卫，但是要求家居空间的整洁度也非常高。在设计开放式衣柜的时候，要充分利用卧室空间的高度，要尽可能增加衣柜的可用空间。开放式衣柜通常在衣帽间内使用，兼具实用性与便利性。

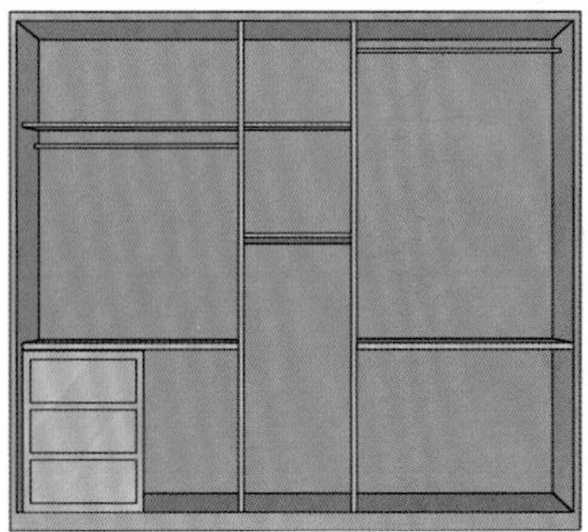

06

床头柜尺寸

床头柜的尺寸通常是床尺寸的七分之一左右，柜面的面积以能够摆放下台灯之后仍旧剩余50%为佳，这样的床头柜尺寸对于家庭卧室空间的使用较为合适。床头柜的常规尺寸通常为长度45~75 cm，宽度40~65 cm，高度55~70 cm，这也是市面上较为常见选择的尺寸。具体选择时应根据床的大小进行匹配。正常情况下，选择宽度为50~55 cm的床头柜，可以较好满足人们日常起居需求。

床头柜亦可根据卧室的面积大小进行定制。如果觉得床头柜高一点更加合适，那么尽量只摆放一个床头柜，并且在床头柜上方布置一些装饰物。此外，床头插座建议设在床头柜的上方比较方便。

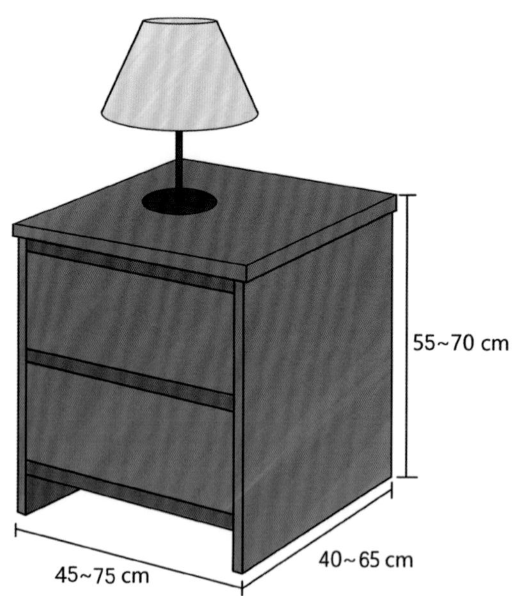

床头柜常规尺寸

07

书柜尺寸

通常两门书柜宽度尺寸为 60~80 cm，三门书柜宽度尺寸为 90~120 cm，四门书柜宽度尺寸为 120~160 cm。一般两门书柜的高度为 120~210 cm，超过该高度尺寸，则需要用到梯子来辅助拿取书，影响实用性。书柜的深度约 30~45 cm，当书或杂志摆好时，这样的深度能留一些空间放些饰品。由于要受力，书柜的隔板最长不能超过 90 cm，否则时间一长，容易弯曲变形。此外，隔板也需要加厚，最好在 2.5~3.5 cm 之间。书架中一定要有一层的高度超过 32 cm，才可摆放杂志等尺寸较大的书籍。如果书柜需要设门，建议高度不超过 240 cm。

从人体工程学考虑，高度超过 210 cm 以上的书柜较不易使用，但以收纳量来讲，书柜越高，放得书越多。可考虑将书柜分为上、下两层，常看的书放在开放式柜子上，方便查阅和拿取；不常看或收藏的书放在下层，做柜门遮盖，能减少在行走及活动时扬起的灰尘或是碰撞。

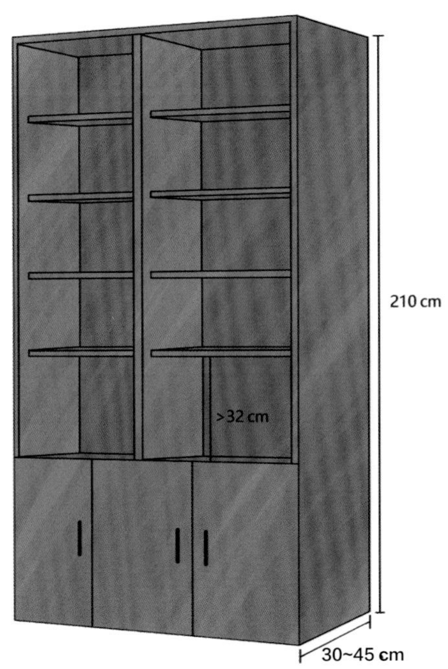

书柜常规尺寸

书柜层板容易因长期摆放书籍而弯曲变形，因此，可依需要选用 1.8~4 cm 的加厚隔板。除造型需要外，实际上很少用到 4 cm 厚的板材，通常以铁件来强化承重力，或者加设立板来避免层板变形。

如果想在过道设置书架，需考虑书架深度是否会占据空间，导致行走不便。一般过道宽度在 75~90 cm 之间。以过道 75 cm 的最小宽度来计算，书架层板建议 15 cm 深较佳。因为这个尺寸的过道宽度扣除 15 cm 的层架深度后，还有 60 cm 可供行走，并且不会撞到书架。

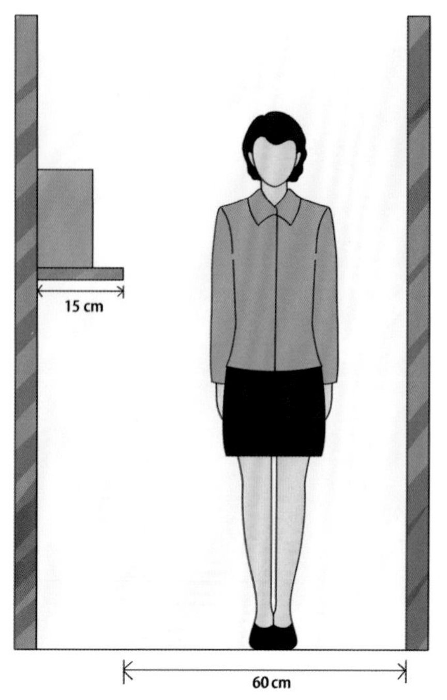

75 cm 的过道宽度扣除 15 cm 的层架深度，还留出 60 cm 的行走空间

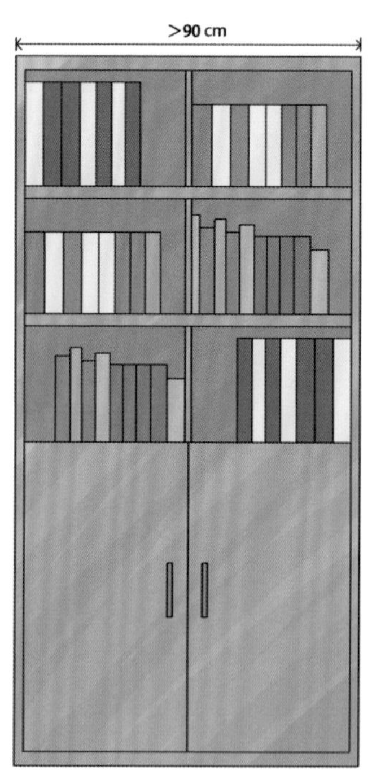

书柜的宽度若超过 90 cm，上下层板之间可加上立柱，作为层板支撑

第四节 /

桌几类家具

01

餐桌尺寸

餐桌的形状分为圆桌和方形桌。圆桌可以方便用餐者互相对话，人多时可以轻松挪出位置，同时在中国传统文化中具有圆满和谐的美好寓意。圆桌大小可依人数多少来挑选，根据餐桌的标准尺寸直径可分为 70 cm（两人位）、90 cm（三人位）、100 cm（四人位）、120 cm（五人位）、120~135 cm（六人位）、150 cm（八人位）、180 cm（十人位）、200~220 cm（十二人位）。

方形餐桌的尺寸需要根据座位数来确定。常用的餐桌尺寸为 76 cm × 76 cm 的方桌与 107 cm × 76 cm 的长方形桌。注意餐桌宽度不宜小于 70 cm，否则，对坐时会因餐桌太窄而互相碰脚。

独居时，如果家中空间不大，则餐桌的长度最好不要超过 120 cm。两人居住时，则可以选择 140~160 cm 长度的餐桌。有孩子或者与老人合住的家庭，则适合选择 160 cm 或者更长的餐桌。

◆ 餐桌尺寸数据

项目	尺寸数据
一般餐桌高度	75~78 cm
西式餐桌高度	68~72 cm
一般方桌宽度	75 cm、80 cm、90 cm、120 cm
长方桌宽度	80 cm、90 cm、105 cm、120 cm
长方桌长度	150 cm、165 cm、180 cm、210 cm、240 cm
长方形餐桌	120 cm × 60 cm、140 cm × 70 cm 等
圆形餐桌直径	50~220 cm

02

书桌尺寸

书房空间是有限的，所以单人书桌应以方便工作、容易找到经常使用的物品等实用功能为主。一般单人书桌的宽度在 55~70 cm，高度在 75~85 cm 比较合适。一个长长的双人书桌可以给两个人提供同时学习或工作的机会，并且互不干扰，尺寸规格一般在 75 cm × 200 cm。不同品牌和不同样式的双人书桌尺寸各不相同。

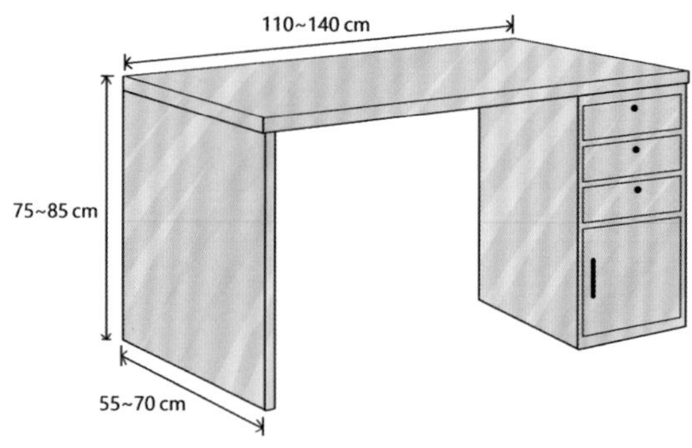

单人书桌常规尺寸

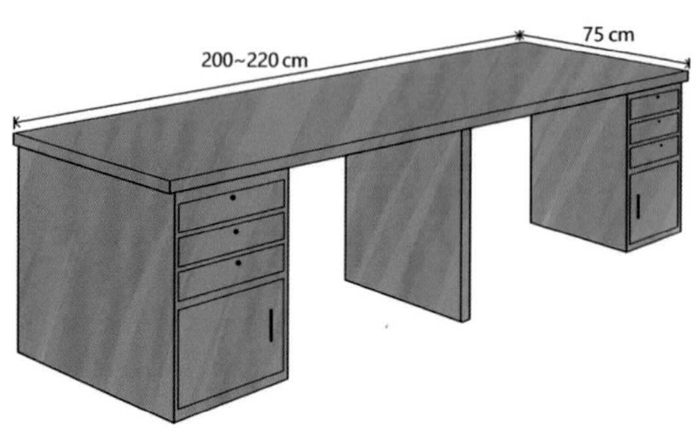

双人书桌常规尺寸

03

梳妆桌尺寸

在现代家庭中，梳妆桌往往可以兼具写字台、床头柜、边几等家具的功能。如果配以面积较大的镜子，梳妆桌还可扩大室内虚拟空间，从而进一步丰富室内环境。

梳妆桌的台面尺寸通常是 40 cm × 100 cm，这样易于摆放化妆品，如果梳妆桌的尺寸太小，化妆品都摆放不下，会给使用上带来麻烦。梳妆桌的高度一般要在 70~75 cm 之间，这样的高度比较适合普通身高的使用者。梳妆凳的长度为 45~55 cm，宽度为 40~50 cm，高度为 45~48 cm。

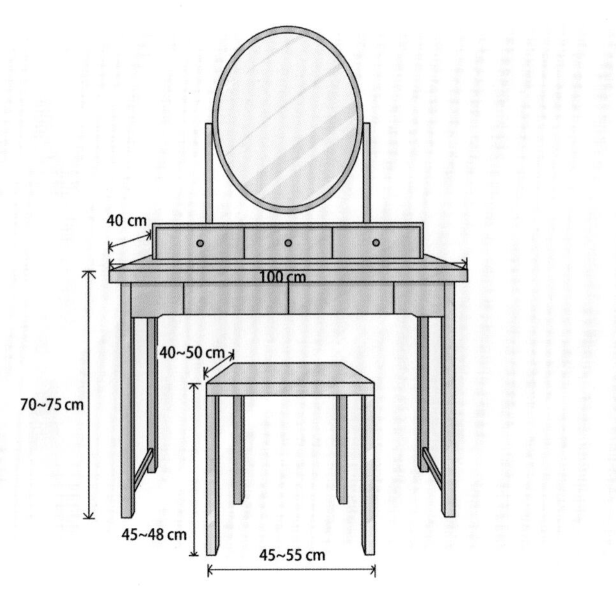

梳妆桌和梳妆凳尺寸

◆ 常见梳妆桌类型

独立式梳妆桌

独立式即将梳妆桌单独设立，这样做比较灵活随意，装饰效果往往更为突出。

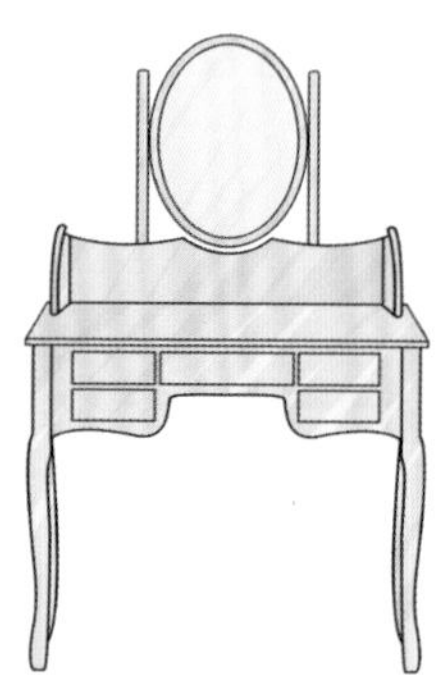

组合式梳妆桌

组合式是将梳妆桌与其他家具组合设置，这种方式适宜空间不大的小家庭。

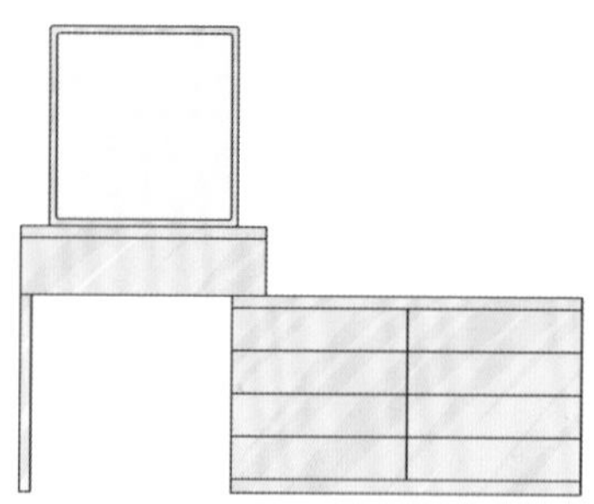

04

茶几尺寸

选择合适的客厅茶几尺寸，需要考虑整体客厅的面积、其他家电的面积、沙发的面积、电视占地面积等，以便让整体装饰更加协调。另外，茶几的大小还需要考虑门的尺寸，以免茶几太大造成搬运困难。

茶几高度大多是 30~50 cm，选择时要与沙发配套设置。茶几的长度为沙发的 5/7~3/4，宽度比沙发多出 1/5 左右最为合适，这样才符合黄金比例。

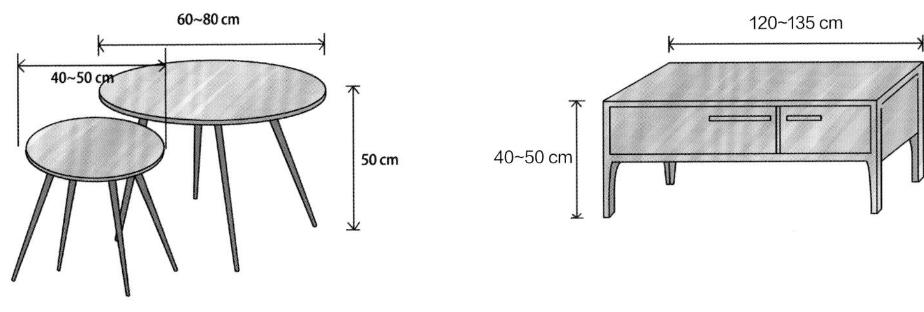

茶几尺寸

◆ 茶几尺寸数据

项目	尺寸数据
小型长方形茶几	长度一般为 60~75 cm，宽度一般为 45~60 cm，高度一般为 38~50 cm
中型长方形茶几	长度一般为 120~135 cm，宽度一般为 38~50 cm 或者 60~75 cm，高度一般为 40~50 cm
中型正方形茶几	边长一般为 75 ~ 90 cm，高度一般为 43~50 cm
大型长方形茶几	长度一般为 150~180 cm，宽度一般为 60~80 cm，高度一般为 33~42 cm
圆形茶几	直径一般为 75 cm、90 cm、105 cm、120 cm；高度一般为 33~42 cm
大型正方形茶几	边长一般为 90 cm、105 cm、120 cm、135 cm、150 cm；高度一般为 33~42 cm

第五节 /

椅凳类家具

01

餐椅尺寸

餐椅的座高一般为 38~45 m，宽度为 40~56 cm，椅背高度为 65~100 cm。餐桌面与餐椅座高差一般为 28~32 cm，这样的高度差最合适吃饭时的坐姿。另外，每个座位也要预留 5 cm 的手肘活动空间，椅子后方要预留至少 10 cm 的挪动空间。

若想使用扶手餐椅，餐椅宽度再加上扶手则会更宽，所以在安排座位时，两张餐椅之间约需 85 cm 的宽度，因此餐桌长度也需要更大。

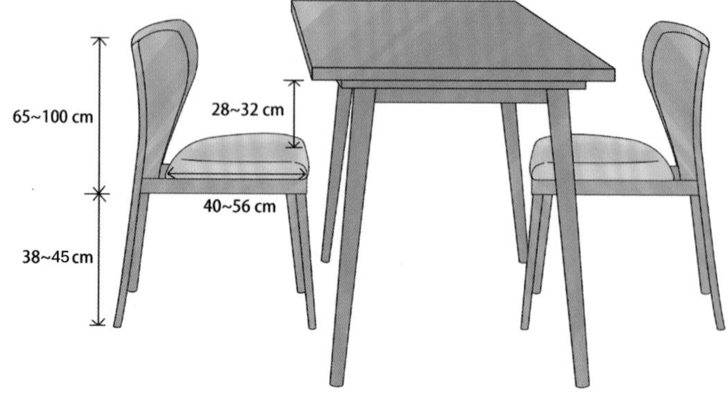

餐椅常规尺寸

卡座尺寸

餐厅设置卡座可增加储物空间，下面可采用抽屉或者翻盖的储物方式。卡座的长度和座宽可以根据实际需求来设计，双人座是最为常见的餐厅卡座。一般来说，卡座的靠背高度在 85~100 cm 之间，坐垫高度在 40~45 cm 之间，靠背连同坐垫的深度大约在 60~65 cm 之间。

此外，不同的款式对卡座尺寸也会有一些影响，上下波动一般在 20 cm 左右。如果卡座在设计的时候考虑使用软包靠背，座面的宽度就要多预留 5 cm。同样，如果座面也使用软包的话，则木工制作基础的时候也要降低 5 cm 的高度。

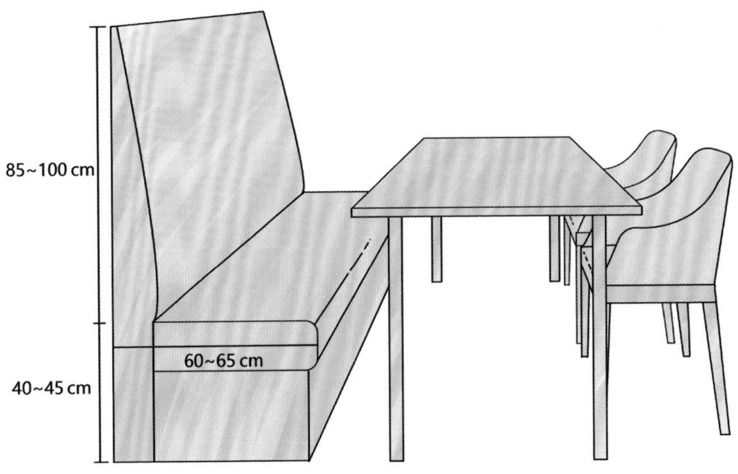

卡座常规尺寸

◆ 常见卡座类型

一字形卡座

一字形卡座的结构非常简单，大多采用直线形的结构倚墙而设。由于其造型简洁大方，因此能非常好地和各类装饰风格相融合。一字形卡座安装起来也比较方便，由于其本身比较细长，因此一般只需配备一张长方形的长桌就可以了。此外，也可以靠到墙边结合餐桌使用。

二字形卡座

二字形卡座就是常见的双排一字形的设计形式，能够清晰地划分出用餐区域，所以也更加有利于就餐氛围的营造。二字形卡座适合运用在狭长空间或者半独立小空间，其对称的造型结构，能够加强整体空间的稳定感。

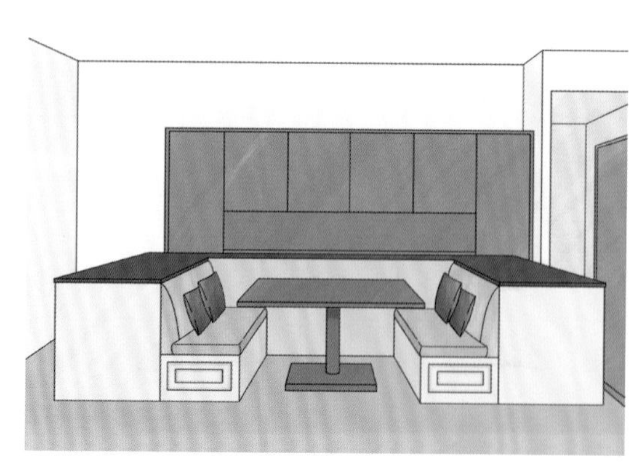

L 形卡座

L 形卡座一般是设置在墙体拐角的位置，这种形式能够充分利用家居空间的设计，合理改造死角位置，对于面积较小的户型而言，非常实用。卡座的底部可以做成柜子或抽屉，也可以与依墙而设的同色系柜体进行组合，达成风格上的和谐统一。

U 形卡座

U 形卡座是三面的座位安排，真正做到了空间利用的最大化。U 形卡座的造型在设置上相对比较自由，可以选择靠墙安置和不靠墙安置。如不靠墙安置，可以将其设计成一个小型的独立用餐区；如靠墙安置，则可以选择两面靠墙，一面搭配窗台进行组合设计。

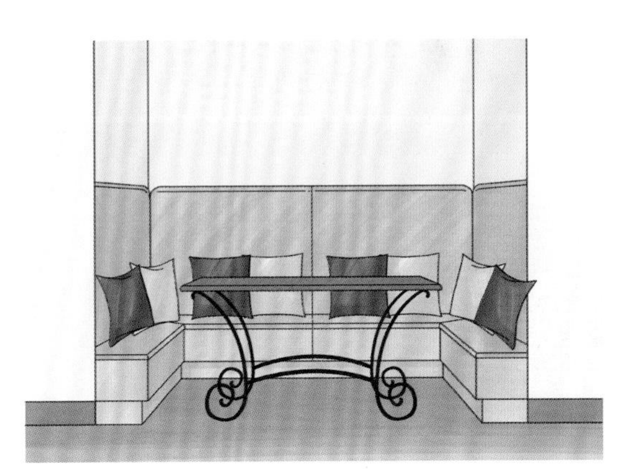

03

吧椅尺寸

吧椅一般可分为有旋转角度与调节作用的中轴式钢管椅和固定式高脚木制吧椅两类，在选购吧台椅时，要考虑它的材质和外观，并且还要注意它的高度与吧台高度的搭配。

通常吧椅的尺寸是根据吧台的高度和整个酒吧的环境来定的。吧椅的样式虽然多种多样，但是尺寸相差都不是很大。一般可升降的吧椅可升降的范围是在 20 cm 之内，具体根据个人的喜好来定，但是有时会因为环境的需要选择没有升降功能的吧椅。吧台高度以 105~110 cm 居多，吧椅高度在 60~80 cm，吧椅面与吧台面应保持 25 cm 左右的落差。

吧椅与吧台下端落脚处，应设有支撑脚部的东西，如钢管、不锈钢管或台阶等。另外，较高的吧椅宜选择带有靠背的形式，能使人坐着更舒适。

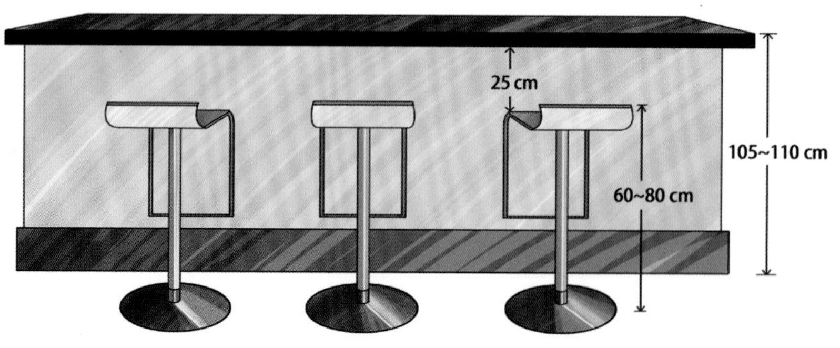

吧椅常规尺寸

04

换鞋凳尺寸

换鞋凳的长度和宽度相对来说没有太多的限制，可以随意一些，一般以 40 cm × 60 cm 的尺寸较为常见，也有 50 cm × 50 cm 的小方凳或是 50 cm × 100 cm 的长方形换鞋凳。高度是以人的舒适性为标准来选购或定制，通常 60~80 cm 的高度最为舒适。

使用者的身高不一致，坐姿的舒适度也不太一样。如果身高过高或过矮，可以考虑定做换鞋凳。如果觉得大众化的高度坐着也很舒服，则购买成品换鞋凳比较方便。当然有一种特殊的情况就是家庭中有小孩，这时可以考虑孩子的身高，在凳的设计上做成高低凳台面，高的供大人使用，低的供孩子使用。

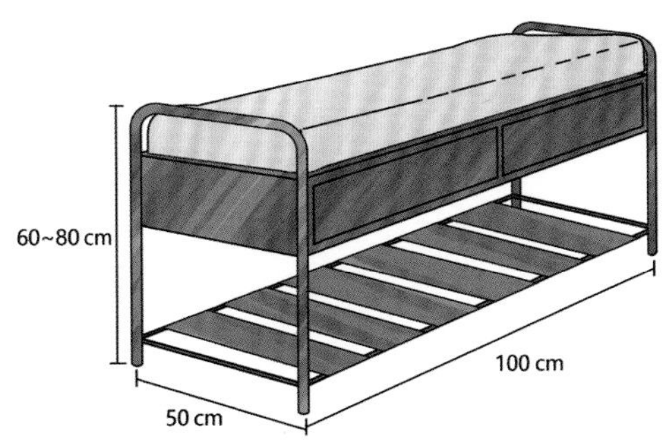

玄关换鞋凳的常规尺寸

阶梯式换鞋凳

连体式换鞋凳

嵌入式玄关凳

这种换鞋凳往往和衣柜、衣帽架等一体打造，嵌入墙体。由于需要定制，因此换鞋凳可以适应不同户型的需要。同时由于和其他功能区一体打造，也可以获得更高的空间利用率。

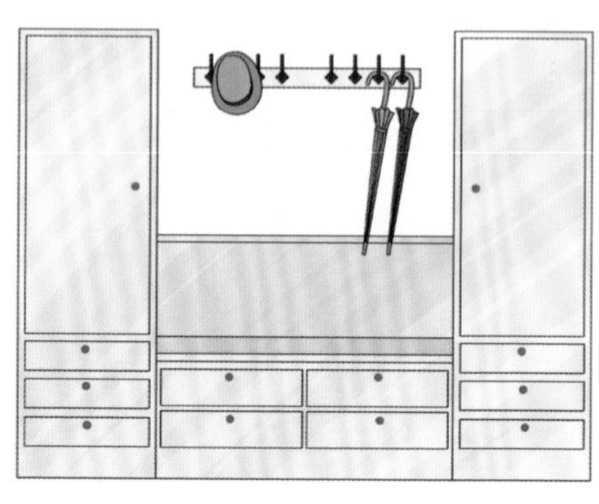

收纳式换鞋凳

户型不大的空间中，换鞋凳自带收纳功能，或者利用其他收纳器具作椅凳，是一种非常实用的做法。自带小柜子的换鞋凳足以收纳玄关的零碎物品，柜子台面还可以做一些装饰陈列；或者沿着玄关通道一侧墙面安装一排矮柜，整个过道都能坐。

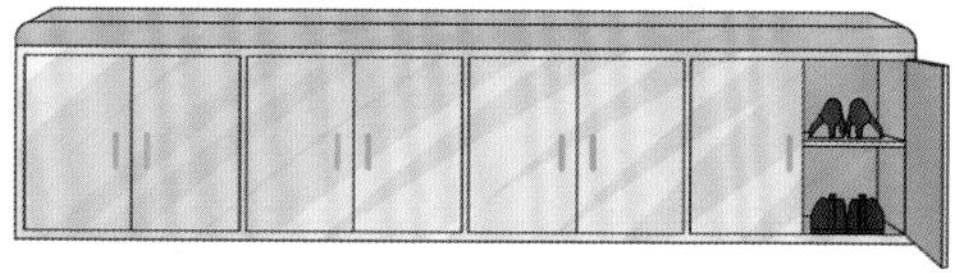

长椅式玄关凳

如果玄关空间够大，或者收纳需求不多，换鞋凳就不需要考虑收纳功能，简单的一把长椅更有格调。当然除了坐的功能之外，还需要加一些植物、摆件等作装饰。既避免太空，也让此处成为家中赏心悦目的一景，给到访的客人留下好印象。

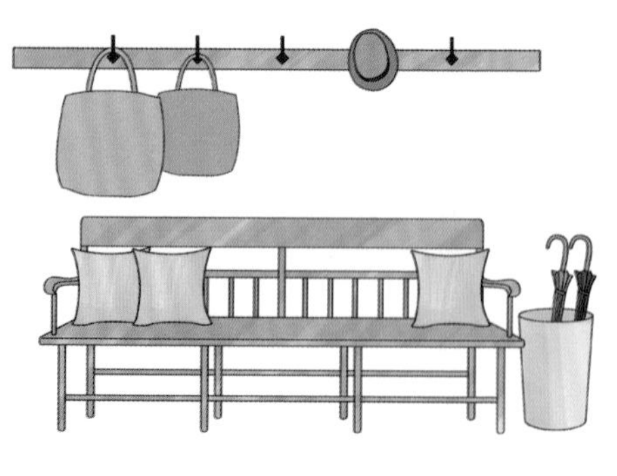

床尾凳尺寸

床尾凳是一种没有靠背的坐具，一般摆放在卧室睡床的尾部，具有起居收纳等作用。床尾凳最初源于西方，供贵族起床后坐着换鞋使用，因此它在欧式的室内设计中非常常见，适合在主卧等开间较大的房间中使用，可以从细节上提升居家品质。床尾凳造型各异，方的、圆的都有，根据款式可分为：长凳、方凳、小圆凳、梅花凳等。

床尾凳的尺寸通常要根据卧室床的大小来决定，高度一般跟床头柜齐高，宽度很多情况下与床宽不相称。但如果使用者为了方便起居，那么选择与床宽相称的床尾凳比较合适。如果单纯将床尾凳作为一个装饰品，那么选择一款符合卧室装饰风格的床尾凳即可，对尺寸则没有具体要求。

床尾凳常规尺寸一般在 1 200 mm × 400 mm × 480 mm 左右，也有 1 210 mm × 500 mm × 500 mm 以及 1 200 mm × 420 mm × 427 mm 的尺寸。

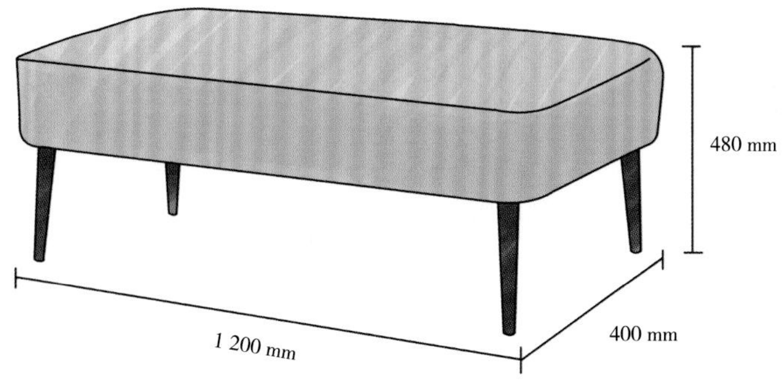

床尾凳常规尺寸

FURNISHING

DESIGN

SIZE

软装布艺设计尺寸

F u r n i s h i n g

Design

第一节 / 窗帘尺寸

01 窗帘尺寸测量

一套窗帘通常由帘头、帘身、帘杆、帘带和帘栓等部分组成。国内住宅一般对窗户没有一个标准的尺寸要求，因此市面上的窗帘，基本都需根据各自窗户的大小进行订制。在定制窗帘之前，需测量窗户以计算窗帘面料的用量。

测量宽度时，不要测量窗子本身，而是要量窗帘杆或轨道。轨道的长度应考虑到为窗帘收起时留出空间，比窗框左右各长出 10~15 cm。这样一来，在窗帘收起的时候也不会遮挡窗户，可将整扇窗户都露出来。如果是两侧打开的窗帘，记住中间需要预留重叠的部分，大约需要 2.5 cm。

窗帘的高度需要根据下摆的位置来决定。如果在窗台上方，则要距离窗台 1.25 cm；如果在窗台下方，则要多出 15~20 cm，落地窗帘的下摆距地面 1~2 cm 即可。

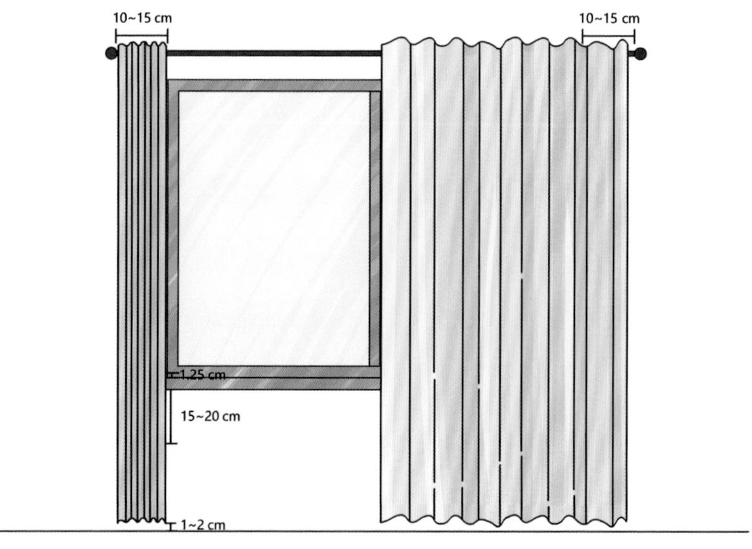

窗帘常规尺寸

02

窗帘的宽度与高度

国内窗帘面料一般为 280 cm 定宽，280 cm 作为窗户的高度方向，只要窗户的高度不超过 250 cm，窗帘的尺寸设计一般按量进行裁剪即可。而国外进口的窗帘面料一般是 145 cm 定宽，其尺寸是按窗户的高度进行裁剪。因此，当窗户宽度较大时，幅宽方向需进行拼接。例如窗帘最终尺寸为 500 cm 时，需要用 3.5 幅 145 cm 宽度的面料进行拼接。

由于窗帘一般会有些许波浪起伏的皱褶，因此在测量时，还要加上窗帘面皱褶的量，这个皱褶的量一般被简称褶量。2 倍褶量是稍微有点起伏，3 倍褶量是较明显的起伏。以 200 cm 的窗框宽度，及两侧各预留 15 cm、3 倍褶量为例，其窗帘基本用料是（15 cm × 2)+(200 cm × 3)。

窗帘的褶皱可以给窗帘带来非常丰富的个性，再配合使用不同种类的布料，能让窗帘呈现出别样的装饰效果。

◆ 窗帘尺寸数据

褶量	尺寸数据
无褶（1.5 倍）	多用于现代风格，适合各种织物，尤其是印花布料最合适
二倍褶（2 倍）	非常简单的样式，适合各种织物，也可作为装饰性窗帘使用
厢式窗帘褶（2.5 倍）	现代感较强，适合较厚的织物
双捏褶（2 倍）	最普通的样式，适合各种织物
三捏褶（2~3 倍）	豪华却普通的样式。上部具有保温、遮光的效果，适合各种织物
集中型褶（2.5~3 倍）	能营造可爱的氛围，适合较薄的织物

03

不同窗型搭配的窗帘式样

飘窗

如果飘窗较宽，可以做几幅单独的窗帘组合成的一组，并使用连续的帘盒或大型的花式帘头将各幅窗帘连为整体。窗帘之间，相互交叠，别具情趣。如果飘窗较小，就可以当作一个整体来装饰，采用有弯度的帘轨配合窗户的形状。

转角窗

转角的窗户通常出现在书房、儿童房或内阳台的设计上。转角窗通常将窗帘在转角的位置上分开成两幅或多幅，且需要定制有转角的窗帘杆，使窗帘可以流畅地拉动。

多扇窗或门连窗

当一面墙有多扇窗或者是门连窗，化零为整是最佳的处理方法，窗幔采用连续水波的方式能将多个的窗户很好地组成一个整体。

挑高窗

挑高窗从顶部到地面为 5~6 m，上下窗通常合为一体，多出现在别墅空间。窗帘款式要凸显房间、窗型的宏伟磅礴、豪华大气，配帘头效果会更佳，窗帘层次也要丰富。此外，因为窗户过高，较为适合安装电动轨道。

拱形窗

拱形窗的窗型结构具有浓郁的欧洲古典格调，窗帘应突出窗形轮廓，而不是将其掩盖，可以利用窗户的拱形营造磅礴的气势感，把重点放在窗幔上。以比较小的拱形窗为例，上半部分圆弧形可以用棉布做出自然褶度的异形窗帘，以魔术贴固定在窗框上，这种款式小巧精致，装饰性很强。

落地窗

落地窗从顶面直达地板，由于整体的通透性，给了窗帘设计更多的空间。落地窗的窗帘选择，以平拉帘或者水波帘为主，也可以两者搭配。如果有些是多边形落地窗，窗幔的设计以连续性打褶为首选，能非常好地将几个面连贯在一起，避免水波造型分布不均的尴尬。

第二节 / 床品尺寸

01 床品内容配置

床品是卧室的最好画笔，搭档正确能给卧室增添美感与活力。而随着现代软装中不再把床品当作耐用品，居住者将会选择多套床上用品，依据环境及心情的不同来搭配。

床品包括抱枕、靠枕、枕头、被套、被单、被子、搭毯、床单、床笠、床裙、床罩、床盖、席子等众多类别。普通家居中最常见的床上用品是四件套外加部分单件（如搭毯、席子），四件套是双人床中最为基础的床品，包含两件枕套、一件被套、一件床单。

软装设计中，最常见的床品则是在四件套的基础上，增加一些类别，例如靠枕、装饰枕、床披、床旗、床裙等。

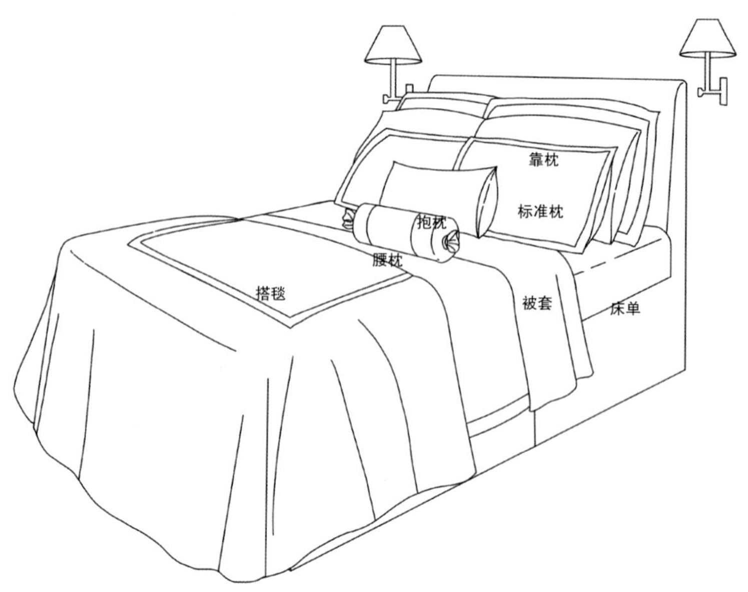

床品内容配置

02

常见床品尺寸

床品与身体直接接触，因此一定要挑选纯棉、真丝等质地柔软的面料。这些床品手感好，保温性能强，也便于清洗，最好选择采用环保染料印染的纯棉高密度的面料，其他材料如麻、毛料、蕾丝一般都作为搭配。面料的皮肤触感越好，感觉越柔细，越适合使人入眠。

床品尺寸没有一个统一的标准，每个品牌都会有一定的差异。在选择床品时，其尺寸搭配主要适用于 200 cm × 120 cm 的单人床，或 200 cm × 150 cm、200 cm × 180 cm、200 cm × 200 cm 的双人床。此外，也可以根据床的尺寸定制相应尺寸的床品。

◆ 常见床品尺寸数据

类型	床尺寸 (m × m)	被套尺寸 (cm × cm)	床单尺寸 (cm × cm)	床笠尺寸 (cm × cm)	床盖尺寸 (cm × cm)
单人床	2 × 1.2	220 × 150	245 × 190 230 × 200	200 × 120	—
双人床	2 × 1.5	230 × 200 250 × 240	250 × 230 245 × 235 250 × 240 250 × 245 248 × 248	200 × 150 203 × 153	235 × 220 248 × 248 250 × 250
双人大床	2 × 1.8	240 × 220 250 × 220 270 × 260	245 × 235 270 × 245 270 × 248 270 × 250 270 × 260	200 × 180	250 × 235 280 × 260 280 × 250
双人加大床	2 × 2	248 × 248	270 × 248 270 × 260	—	280 × 260

床品包括床单、被子和枕头，以及大小不一、形状各异的抱枕。各单品之间完全同花色是最保守的选择；要效果更好，则需采用同色系不同图案的搭配法则，甚至可以将其中一两件小单品配成对比色，如此一来，床品才能作为软装的重头戏，为房间增色。

枕头是床品的构成元素之一，由枕芯和枕套两个部分构成。市面上的枕头尺寸较为统一，除了根据需求进行定制的款式外，大部分枕头的尺寸都没有什么变化。不同尺寸的枕头，其功能各异，在设计时，也会考虑其使用功能。例如床品上的靠枕及睡枕一般不用拉链，多以侧边绑带、背部加扣或绑带等形式进行制作，以提高使用时的安全性。

◆ 枕头尺寸数据

类别	尺寸（cm×cm）
长枕	15×40 20×75 25×65
腰枕	35×90 30×60 30×40 25×50
欧枕	65×65
方枕	45×45 40×40
圆枕	40（直径）
大枕套	50×90
标准枕套	50×65

◆ 常规床品的十种排列

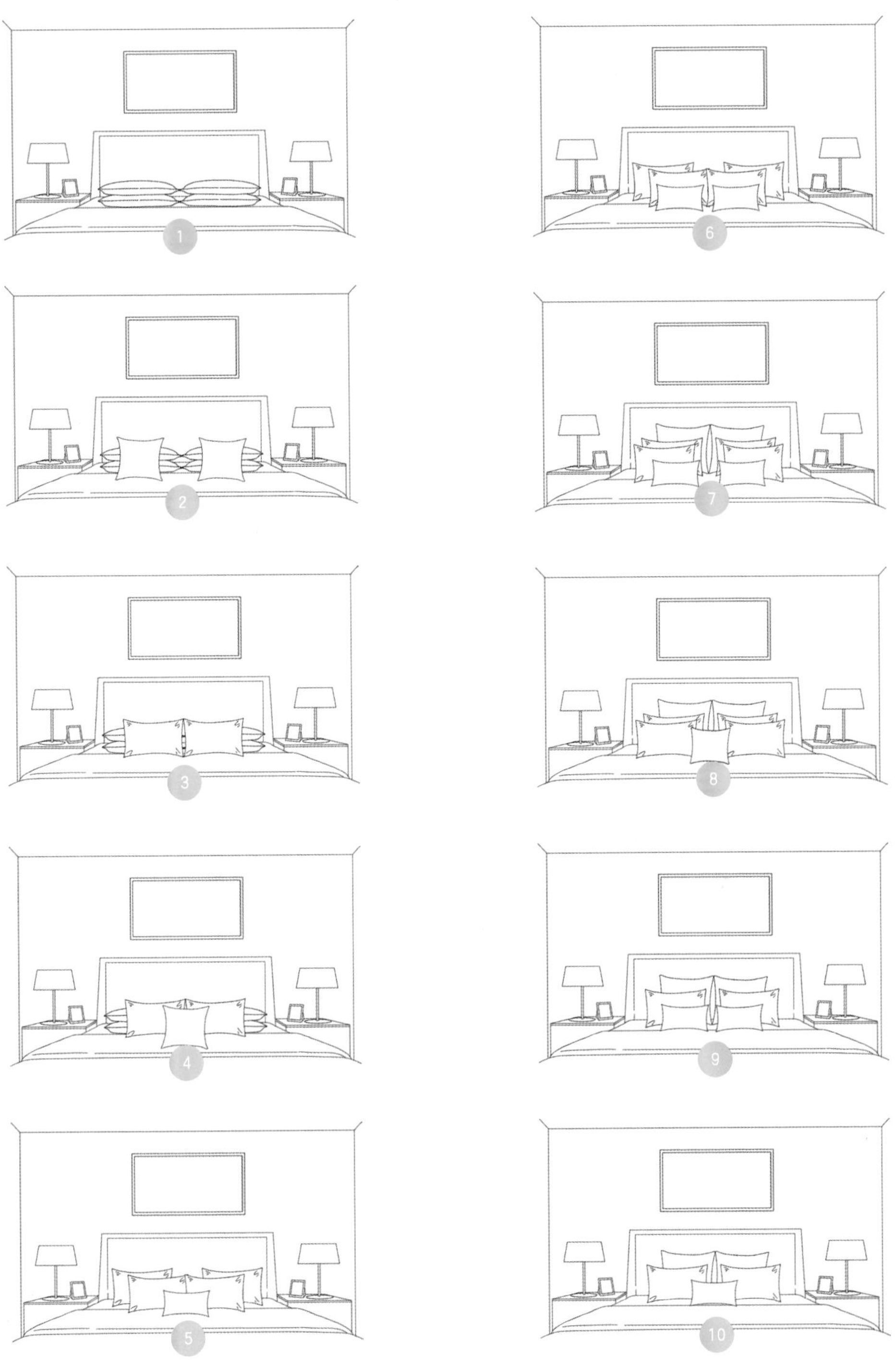

第一种形式常用在酒店的客房，第五种和第八种形式常用在样板间中。

第三节 / 地毯尺寸

01 客厅地毯尺寸

客厅地毯尺寸的选择要与沙发尺寸相适应。当决定好怎么铺设地毯后，便可测量尺寸购买。如果客厅选择“3+1+ 休闲椅”，或者“3+2”的沙发组合，地毯的尺寸应该以整个沙发组合内围合的腿脚都能压到地毯为标准。但是如果客厅面积不是太大，则应选择面积略大于茶几的地毯，空间上适度地留白会在视觉上显得更加宽敞一些。

不规则形状的地毯比较适合放在单把椅子下面，能突出椅子本身，特别是当单把椅子与沙发风格不同时，也不会显得突兀。无论地毯以哪种方式铺设，地毯距离墙面最好有 35~40 cm 的距离。

铺设方案 1

可以使沙发椅子脚不压地毯边，只把地毯铺在茶几下面，这种铺毯方式是小客厅空间的最佳选择。

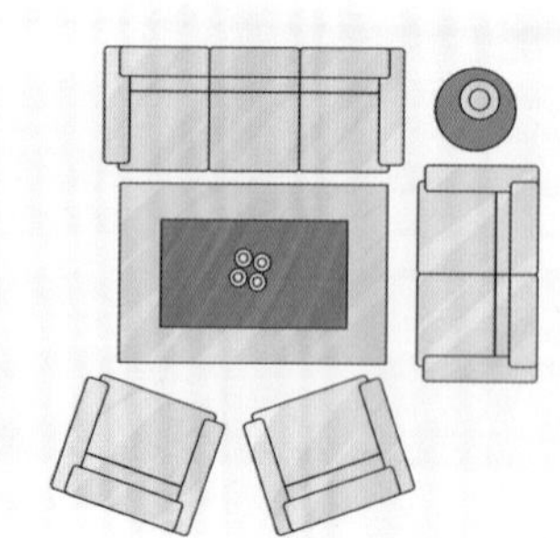

铺设方案 2

如果客厅比较大，则可将地毯完全铺在沙发和茶几下方，这样能在视觉上定义大客厅的某个区域是会客区。需要注意的是，沙发的后腿与地毯边应留出15~20 cm 的距离。

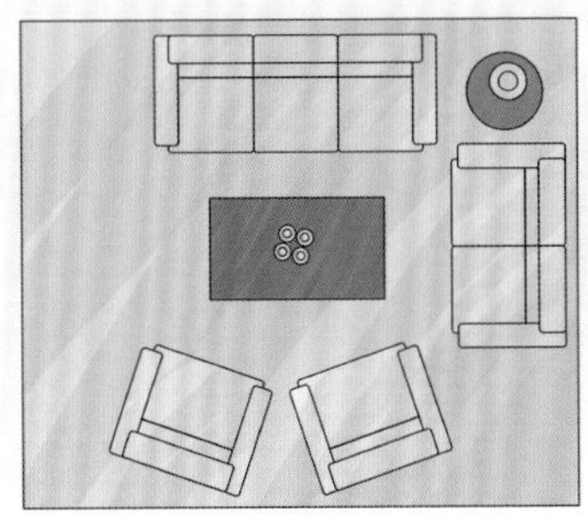

铺设方案 3

很多人会选择将沙发或者椅子的前半部分压着地毯，但这种铺毯方式要考虑沙发压着地毯多少尺寸，同时这种方式无论铺设，还是打扫地毯都十分不方便。

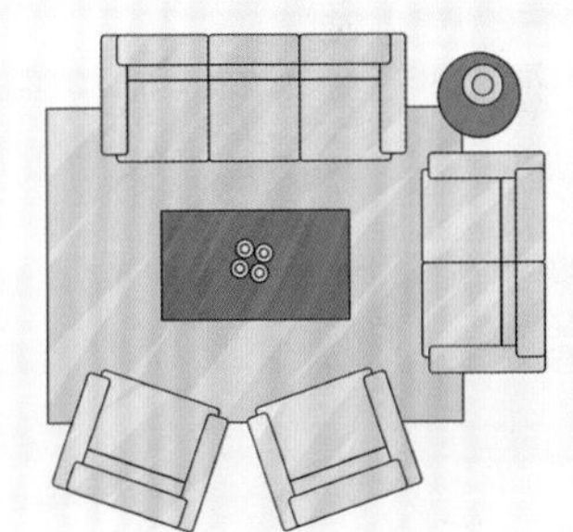

02 卧室地毯尺寸

卧室区的地毯以实用性和舒适性为主，宜选择花型较小、搭配得当的地毯图案，视觉上安静、温馨，同时色彩要考虑和家具的整体协调。可以选择满铺地毯，也可以在床靠门的一侧，或床的两侧放置地毯。在床尾铺设地毯是很多样板房中最常见的搭配。对于一般家庭，如果整个卧室的空间不大，可以在床的一侧放置一块 120 cm × 180 cm 的地毯。

铺设方案 1

卧室中的地毯还可铺在除了床头柜和与其平行的床以外的部分，并在床尾露出一部分地毯，通常情况下距离床尾 90 cm 左右，但也可以根据家里的卧室空间自由调整。这种情况下床头柜不用摆放在地毯上，地毯左右两边的露出部分尽量不要比床头柜的宽度窄。

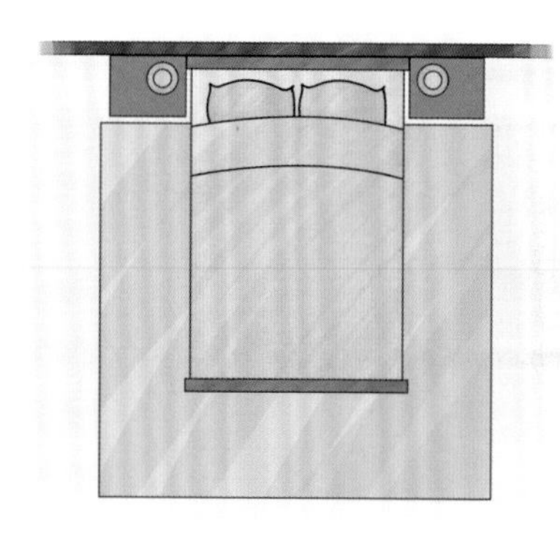

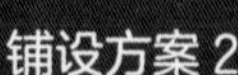

铺设方案 2

如果整个卧室的空间不大，床放在角落，那么可以在床边区域铺设一块手工地毯，可以是条毯或者小尺寸的地毯。地毯的宽度大概是两个床头柜的宽度，长度与床的长度一致，或比床略长。

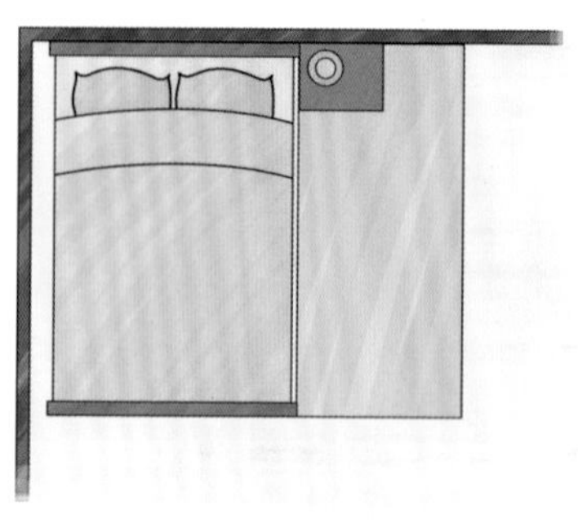

铺设方案 3

很多人会选择将床摆在房间的中央，这种格局可以选择把地毯完全铺在床和床头柜下。一般情况下，床的左右两边和尾部应分别距离地毯边 90 cm 左右，当然可以根据卧室空间大小酌情调整。

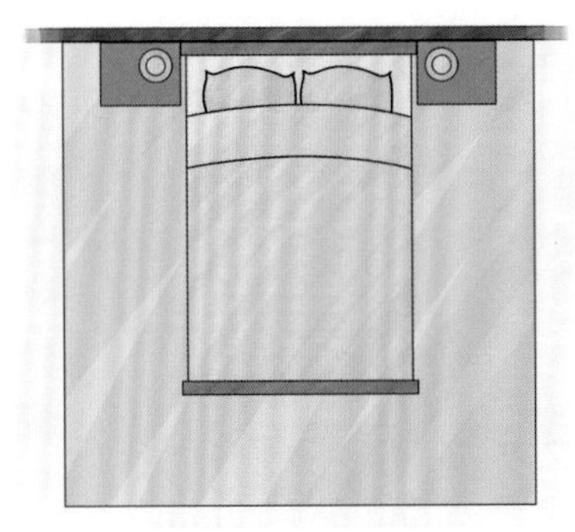

铺设方案 4

如果床两边的地毯与床的长度一致，那么床尾也可选择一块小尺寸地毯，地毯长度和床的宽度一致。地毯的宽度不超过床长度的一半。

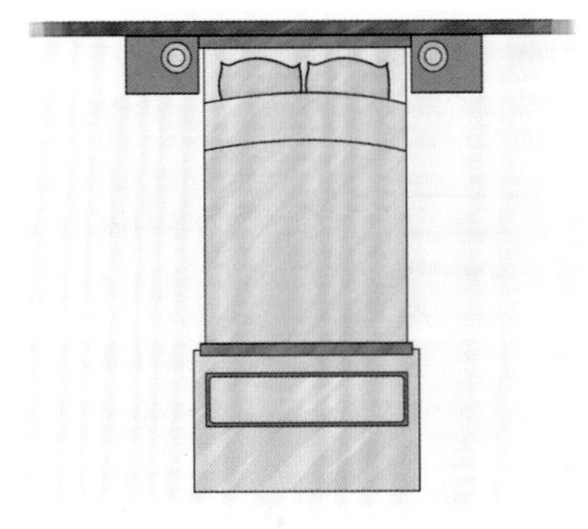

铺设方案 5

如果觉得在床和床头柜下方铺地毯太过麻烦，还需要把床搬来搬去的话，最简便的方法就是在床的左右两边各铺一块小尺寸的地毯。地毯的宽度约和床头柜同宽，或者比床头柜稍微宽一些，床头柜不压地毯，地毯长度可以根据床的长度而定，也可以超出床的长度。

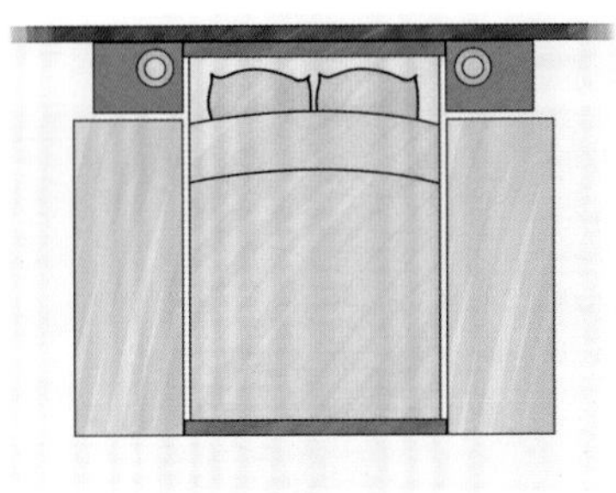

◆ 双人床卧室的三类地毯铺设方案

双人床的中间区域，可以在床下的大地毯上再铺一条小地毯。

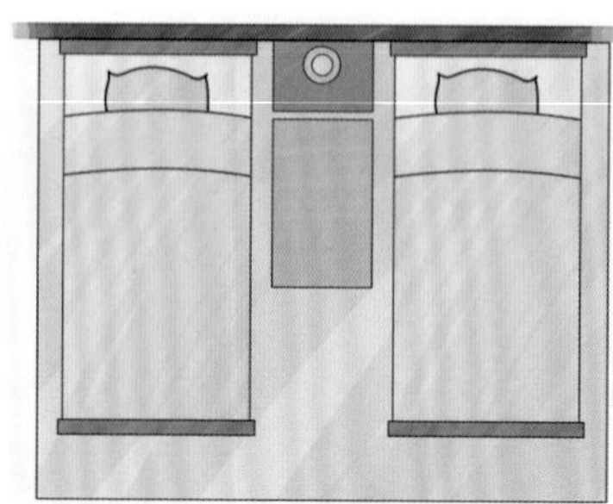

将地毯满铺整个卧室的地面，适合空间层高较高、面积较大的房间。

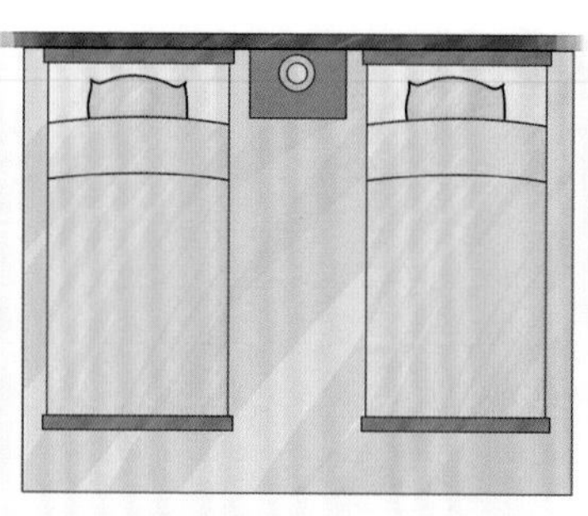

选择 3 块条形地毯分别铺在床两边及中间的空地上。

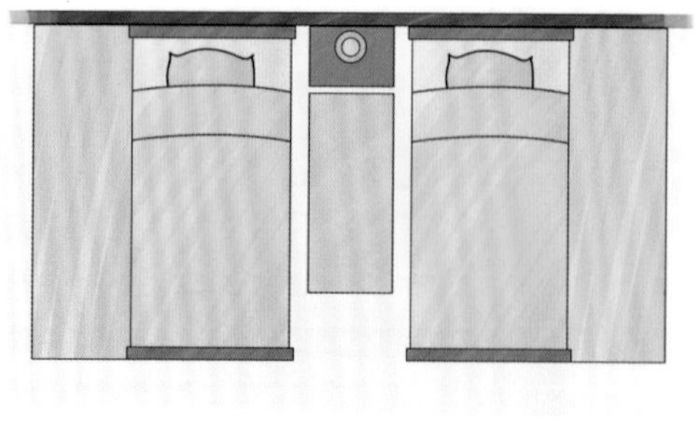

03

餐厅地毯尺寸

餐厅的地毯应该保证在餐桌周围留出位置，以免在拉动椅子的时候没有足够的空间而被绊倒。如果餐厅够大，那么预留出更开阔的空间是最好的。如果餐厅面积不大，需要量一下餐桌和地毯的尺寸。

餐厅地毯的尺寸一定要超过人坐下吃饭的范围。这样既美观，又能避免拉动椅子时损坏地毯。一般情况下，餐桌边缘向外延伸 60~70 cm，就是地毯的尺寸了。当然也可以根据餐厅的实际情况进行调整，但是最好不要少于 60 cm，这样既舒适又美观。此外，餐厅地毯距离墙面也不要太近，两者相距至少要 20 cm。如果餐厅比较小，那么地毯与墙面之间最好留出 40~50 cm 的距离，才能让空间显得不那么拥挤。

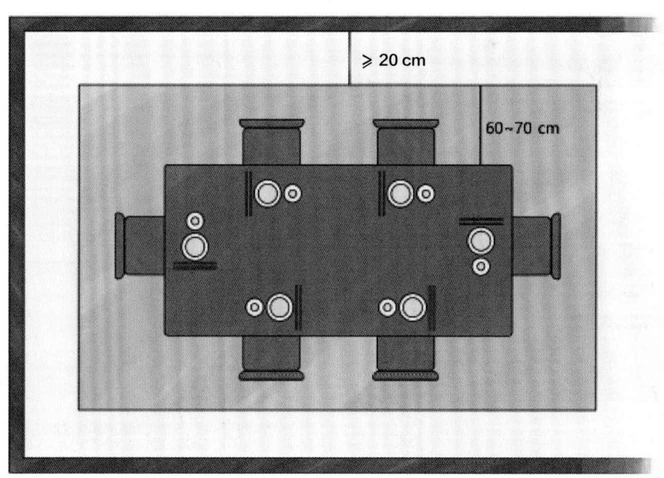

餐厅地毯铺设尺寸

长方形餐桌适合选择长方形的地毯

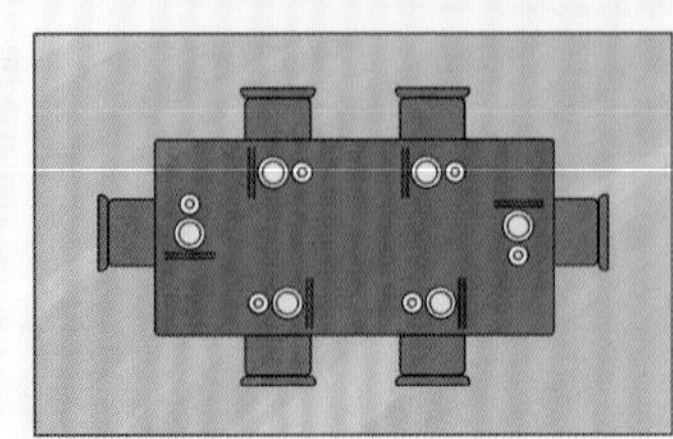

圆形的餐桌可选择圆形或者正方形的地毯

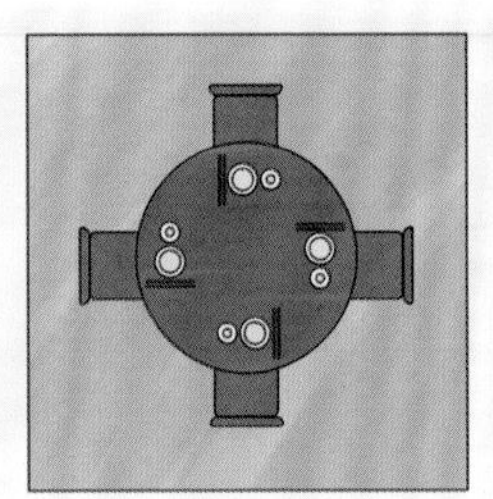

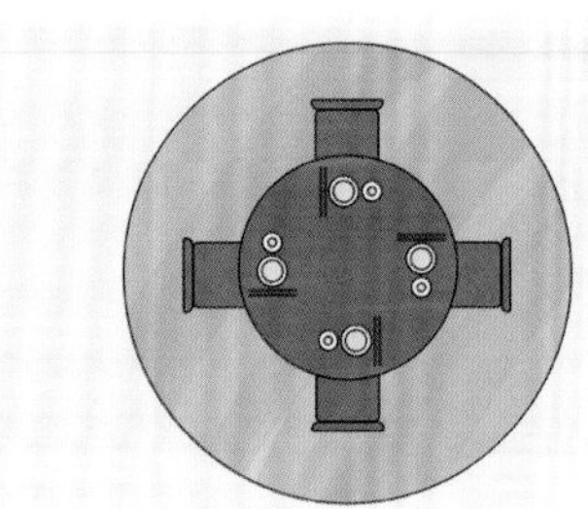

椭圆形的餐桌适合搭配椭圆形或长方形的地毯

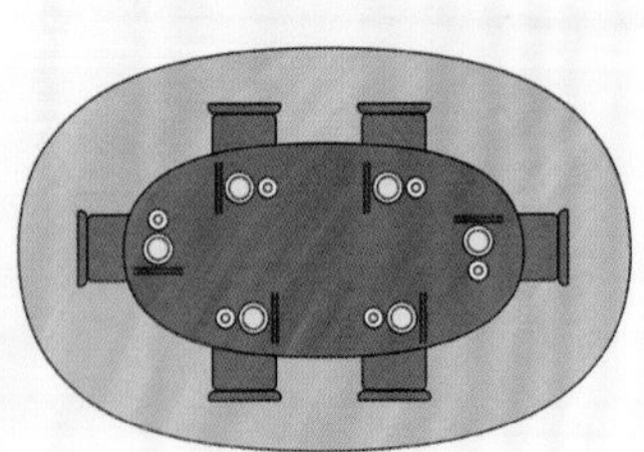

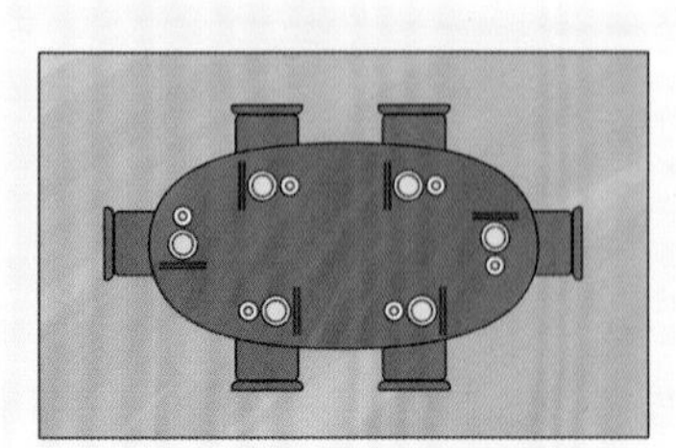

04

过道地毯尺寸

选择过道地毯时，可以把过道形状进行等比例缩小，这样视觉上才会平衡协调。如果过道比较狭长，视觉上看起来很单调，可以放置一条颜色丰富带横条纹的地毯，横条纹在视觉上易产生横向拉伸的感觉，让狭长的走廊在视觉上显得宽敞起来。

对于比较狭窄的玄关过道，可以选择简单的素色地毯或线条感比较强烈的地毯，在视觉上起到延伸的作用，让玄关看起来更大。要想使空间变大，还要学会充分利用线条和颜色，横向线条、明快的颜色都能达到很好的效果。

◆ 过道地毯铺设方案

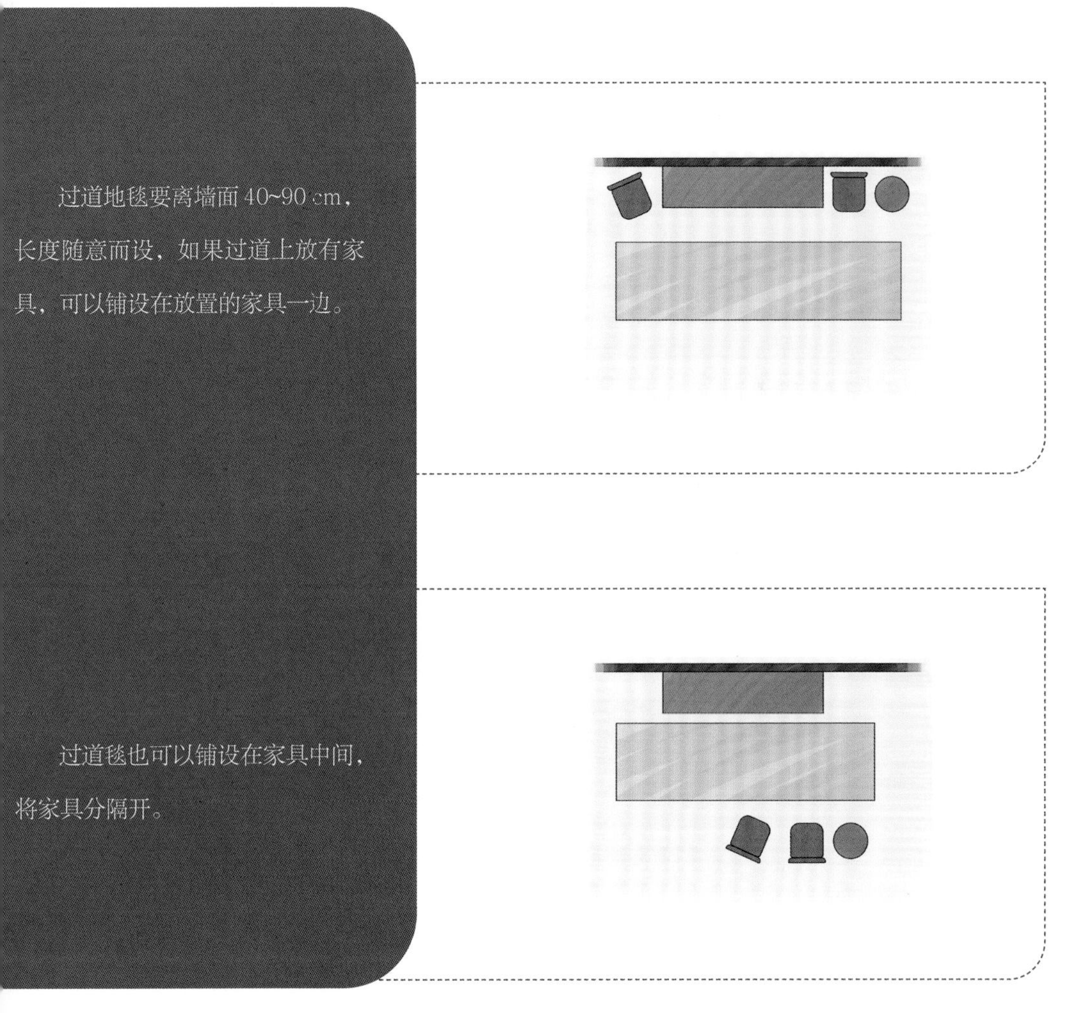

05

厨房地毯尺寸

在开放式厨房中铺设地毯在国外是比较流行的，如果厨房空间比较大，而且通风情况比较好的话，可以选择手工地毯。此外，小尺寸的地毯或者条毯都是不错的选择。丙纶地毯多为深色，弄脏后不明显，清洁也比较简便，因此十分适用于厨房这种易脏的环境中。

◆ 厨房地毯铺设方案

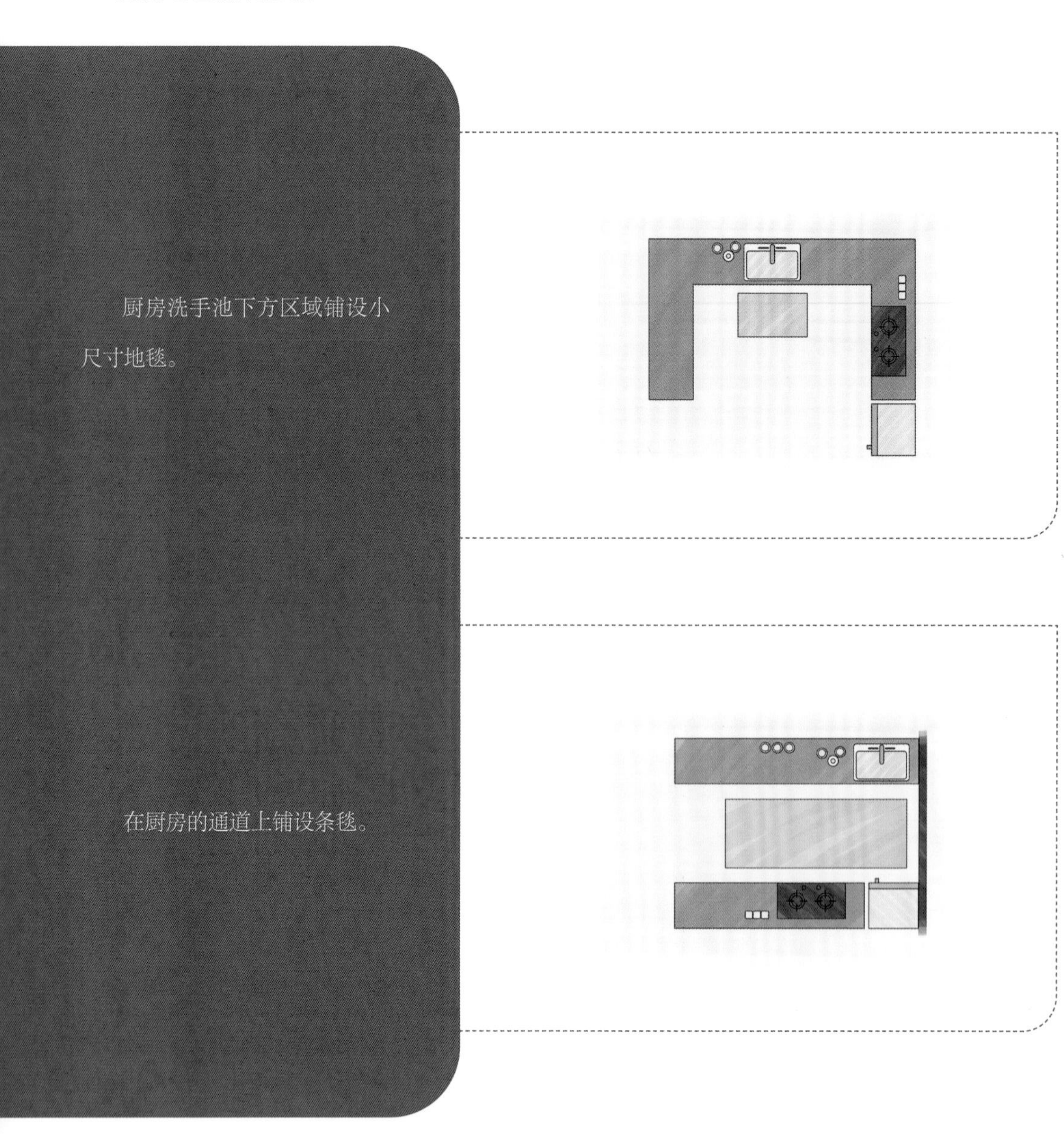

第四节 / 餐桌织物尺寸

餐厅每一个细节的装饰布置，都不同程度地体现着居住者的品质生活。给餐桌铺上桌布，不仅可以美化餐厅，还可以调节进餐时的气氛。桌布在尺寸上分为拖地式和下垂 25~30 cm 两种类型。

长方形餐桌通常会用到桌旗。桌旗的摆放非常随意，当客人多的时候，桌旗顺着桌子长边的方向搭在桌子中间，两端流苏长长地垂下。菜品有序地摆在桌旗上，正式而隆重。当二人世界时，可将桌旗横在桌子中央，对坐用餐，省去每人一个小餐垫的麻烦。

桌旗除了铺在餐桌上之外还留有部分悬挂在桌边，布置时应该了解下垂的黄金比例。

◆ 桌旗尺寸数据

类型	尺寸
1.5 m 餐桌	桌旗下垂 25 cm
1.4 m 餐桌	桌旗下垂 30 cm
1.3 m 餐桌	桌旗下垂 35 cm
1.2 m 餐桌	桌旗下垂 40 cm

以前的餐巾以白色为主，现在有带图案的、刺绣的，种类繁多，要搭配桌布、餐垫等进行选择。

◆ 餐巾尺寸数据

类型	尺寸（cm × cm）
一般的晚餐餐巾	50 × 50
大号的晚餐餐巾	72 × 72
自助餐和午宴餐巾	40 × 40
下午茶餐巾	30 × 30
鸡尾酒餐巾	15 × 15

FURNISHING

DESIGN

SIZE

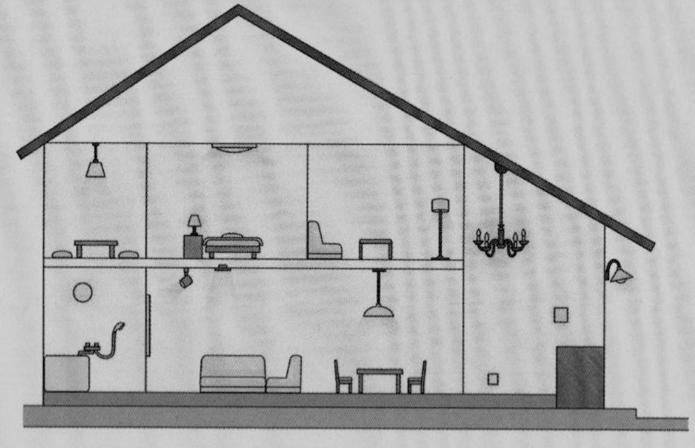

灯具尺寸与照明设计数值

F u r n i s h i n g

Design

第一节/ 照明设计基础数值

01 照明器具种类

进行室内照明设计时，必须选出适合各个空间的照明器具。在一个比较大的空间里，如果需要搭配多种灯具，就应考虑风格统一的问题。例如客厅很大，需要让灯具在风格上统一，避免各类灯具之间在造型上互相冲突，即使想要做一些对比和变化，也要通过色彩或材质中的某一个因素将两种灯具和谐起来。现代软装设计中，出现了更多形式多样的灯具造型，每个灯具或具有雕塑感，或色彩缤纷，在选择的时候需要根据空间气氛要求来决定。

灯具的选择除了其造型和色彩等要素外，还需要结合所挂位置空间的高度、大小等综合考虑。一般来说，较高的空间，灯具垂挂吊具也应较长。这样的处理方式可以让灯具占据空间纵向高度上的重要位置，从而使垂直维度上更有层次感。

室内照明器具的款式繁多，性能与特征也各不相同，对此进行了解，是选择照明器具的第一步。以下是住宅使用的代表性照明器具的特点与注意点。

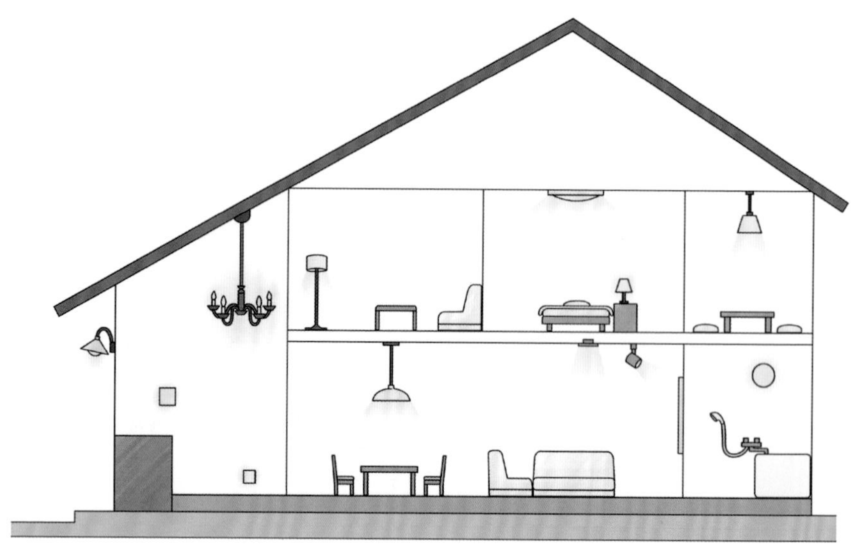

一般住宅所使用的照明器具的种类

◆ 常用照明器具

灯具名称	特征	使用要点
烛台吊灯	灵感来自欧洲古典的烛台照明方式，发展到今天，光源由原来的蜡烛变成了用电源照明的灯泡	大多体积和重量较大，装设方式分为直接装在顶面和使用吊顶钩吊挂两种
落地灯	直照式落地灯光线集中，局部效果明显；上照式落地灯搭配白色或浅色的顶面才能发挥出理想的光照效果	注意不能置放在高大家具旁或经常活动的区域，还必须注意摆设地点附近是否安装有电源插座
吸顶灯	吸顶灯底部完全贴在顶面上，特别节省空间，适用于层高较低的空间	通常面积在 10 m^2 以下的空间宜采用单灯罩吸顶灯，超过 10 m^2 的空间可采用多灯罩组合顶灯或多花装饰吸顶灯
吊灯	需要根据照明面积、需达到的照明要求等几个方面来选择合适的灯头数量。通常，灯头数量较多的吊灯适合为大面积空间提供装饰和照明；而灯头数量较少的吊灯适合为小面积空间提供装饰与照明	单头吊灯要求离地面高度保持在 2.2 m 左右；多头吊灯离地面的高度一般至少保持在 2.2 m 以上，即比单头吊灯离地面的高度要高一些
户外灯	门柱灯、玄关外的筒灯或射灯、庭院灯，一般会使用防雨型的照明器具	如果将装在墙上的款式用在地面上，或是改变原本的使用方向，会使防水性能降低
壁灯	装在墙上的照明器具，投光可以是向上或者向下，它们可以随意固定在任何一面需要光源的墙上，并且占用的空间较小，因此使用的普遍性比较高	为了避免在通过过道与楼梯时撞到灯，或是搬东西时碰到，除了确认照明器具本身的长、宽尺寸之外，还必须确认安装位置的高度与深度
地脚灯	用来照亮脚边的灯具，住宅中通常当作长明灯使用，在卧室和过道可以装上感应器来自动控制开关	通常会用单用或双用的开关盒来进行施工。一般的安装高度为距离地面 25~30 cm
筒灯	嵌装于吊顶内部的灯具，分为明装筒灯与暗装筒灯，根据灯管大小，一般常用 12.7 cm（5 in）的大号筒灯、10.16 cm（4 in）的中号筒灯和 6.35 cm（2.5 in）的小号筒灯三种	尺寸大的间距小，尺寸小的间距大，一般安装距离在 1~2 m，或者更远。若是空间足够大，筒灯是作为主灯照明的灯具，则建议采用功率大，光线更为明亮的筒灯做恰当数量的分布
射灯	用来集中照亮房间的某一部分，分为安装在照明用的导轨上的栓型和直接装在吊顶或墙面上的法兰盘型	如果在同一条照明用导轨安装大量的栓型射灯，一般住宅吊顶的高度会让照明器具变得相当显眼，最好是 100 cm 的导轨最多安装 2~3 具
浴室灯	这类灯具也有部分的间接照明，但绝大部分都是壁灯或吸顶灯，前提是必须可以承受水滴和湿度	使用寿命较长的灯具，可以减少灯罩开合的次数，防止密封性减弱，而且灯罩材质最好是耐久性良好的聚碳酸酯

02 照度

照度是指被照物体在单位面积上所接收的光通量，单位是 lx。通俗地说某个空间够不够亮，就是指照度够不够。一般而言，若要求作业环境很明亮清晰的话，照度的要求也较高。

在室内照明的设计中，通常结合光照区域的用途来决定该区域的照度，最终根据照度来选择合适的灯具。例如书房整体空间的一般照明亮度约为 100 lx，但阅读时的局部照明则需要照度至少到 600 lx，因此可选用台灯作为局部照明的灯具。

◆ 常见场景的照度

常见场景	照度（lx）
夏日阳光下	3 000 000
阴天室外	3 000~10 000
日出日落	300
月圆夜	0.031~0.31
室外窗台（无阳光直射）	2 000
黄昏室内	10
烛光（20 cm 远处）	10~15

◆ 室内空间推荐照度范围（数值为工作面上的平均照度）

光照区域及相关用途区分	照度范围（lx）
室外入口区域	20~50
过道等短时间停留区域	50~100
衣帽间、门厅等非连续工作用的区域	100~200
客厅、餐厅等简单视觉要求的房间	200~500
有中等视觉要求的区域，如书房、厨房	300~750
有一定视觉要求的作业区域，如绘图区	500~1 000

03

色温

色温是指光波在不同能量下，人眼所能感受的颜色变化，用来表示光源光色的尺寸，单位是K。空间中不同色温的光线，会最直接地决定照明所带给人的感受。日常生活中常见的自然光源、泛红的朝阳和夕阳色温较低，中午偏黄的白色太阳光色温较高。一般色温低的话，会带点橘色，给人以温暖的感觉；色温高的光线带点白色或蓝色，给人以清爽、明亮的感觉。从专业上来说，色温较高的光应表述为较冷的光，色温较低的光应表述为较暖的光。

色温介于2 700~3 200 K时，光源的色品质是黄的，给人一种暖光效果；色温介于4 000~4 500 K时，光源的色品质介于黄与白之间，呈现自然白光的效果。

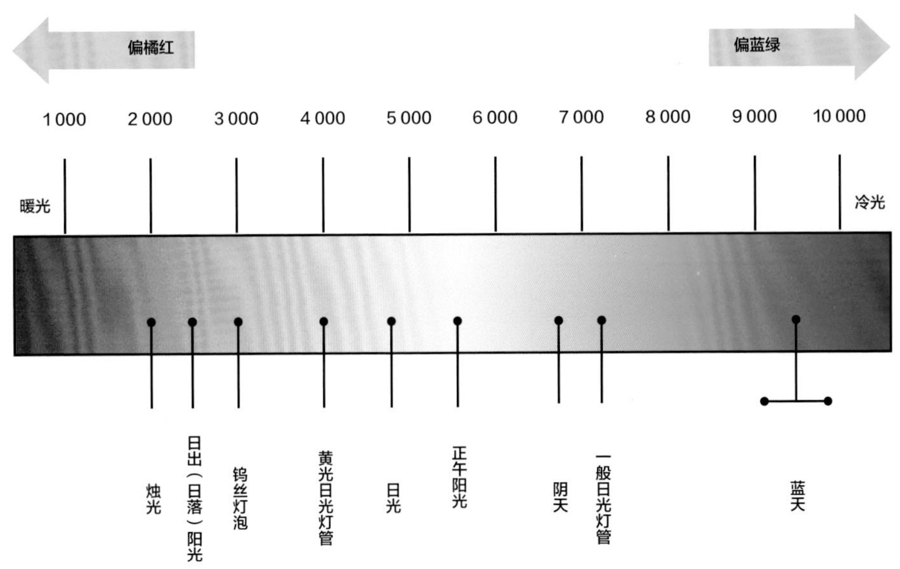

常见光源的色温

04 光通量

根据辐射对标准光度观察者的作用导出的光度量，单位为 lm。简单来说，光通量即光的多少，也可以按字面意思理解，即光通过的量。光源的光通量越多表示它发出的光越多。一个光通量 100 lm 的光源发出的光是光通量 50 lm 光源的一倍。在实际设计中，客户可以在厂家提供的产品样本中找到光通量这个参数。

◆ 常见光源的光通量

常见光源	光通量（lm）
1 根蜡烛	15
40 W 白炽灯泡	400
5 W LED 灯泡	500
50 W 卤钨灯泡	900
18 W 节能灯	1 100
28 W T5 荧光灯管	2 600

05 透光率

透光率是一个物理词汇，是表示光线透过介质的能力，是透过透明或半透明体的光通量与其入射光通量的百分率。透光率越高，说明其材质透光性越好，但任何透明材料透光率都不可能达到 100%，最高的也只能达到 95% 左右。在进行室内灯具搭配时，可根据各空间的功能需求，选择不同透光率的灯具，以带来最为贴切的实用效果。

◆ 常见灯具材质的透光率

灯具材质	透光率（%）
纸质	50
乳白玻璃	40~60
透明玻璃	90
磨砂玻璃	75~85
丙烯玻璃	80
灯罩底布（薄）	10~30
灯罩底布（厚）	1~5

06

光源性能

室内照明按照光源划分比较常见的有：白炽灯、卤钨灯、荧光灯、LED灯、汞灯、卤灯、钠灯等。由于发光原理及结构上的不同，各类光源所带来的照明效果有所差异，在使用上也各有利弊，因此在设计室内灯具前，充分了解各种光源的性能及特点是极为必要的。

如果以光源的发光原理作为分类依据，通常将光源划分为热辐射光源与气体放电光源两大类。其中，热辐射电光源是一种将热能转化为光能的电光源，而气体放电光源是利用气体放电发光原理制成的一类光源。下表中的普通照明用白炽灯和卤钨灯属于热辐射光源，其余灯具属于气体放电光源。

◆ 常见光源的技术指标

光源种类	额定功率范围（W）	光效（lm/W）	显色指数（Ra）	色温（K）	平均寿命（h）
普通照明用白炽灯	10~1 000	7.3~25	95~99	2 400~2 900	1 000~2 000
卤钨灯	10~1 000	14~30	95~99	2 800~3 300	1 500~2 000
直管型荧光灯	4~200	60~70	60~72	全系列	6 000~8 000
三基色荧光灯	4~200	93~104	80~98	全系列	12 000~15 000
紧凑型荧光灯	5~55	44~87	80~85	全系列	5 000 ~18 000
荧光高压汞灯	50~1 000	32~55	35~40	3 300~4 300	5 000~10 000
金属卤化物灯	35~3 500	52~130	65~90	3 000~5 600	5 000~10 000
高压钠灯	35~1 000	64~140	23~85	1 950~2 500	12 000~24 000

07

灯具尺寸

空间的大小是决定灯饰尺寸的重要因素。一个大约 10 m^2 的房间，一般选择直径 20 cm 的吸顶灯或单头吊灯比较合适，一个大约 15 m^2 的房间选择直径为 30 cm 的吸顶灯或者直径为 40~50 cm 的 3~4 头小型吊灯为宜。

不同灯型对尺寸影响非常大，如果灯具外框是圆形布罩，且不大通透，则采购或加工时应调小尺寸。吊扇灯和分子灯虽然扇叶非常大，但却是扩散型的，安装后给人的感觉偏小偏弱，采购或加工时应调大尺寸。

如果灯具在房间的中央位置，将房间的长度与宽度进行测量，然后将两者相加得到一个数值，灯具的直径不应超过该数值的 1/12。简单的公式为：灯具直径 =（房间长度 + 房间宽度）/12。

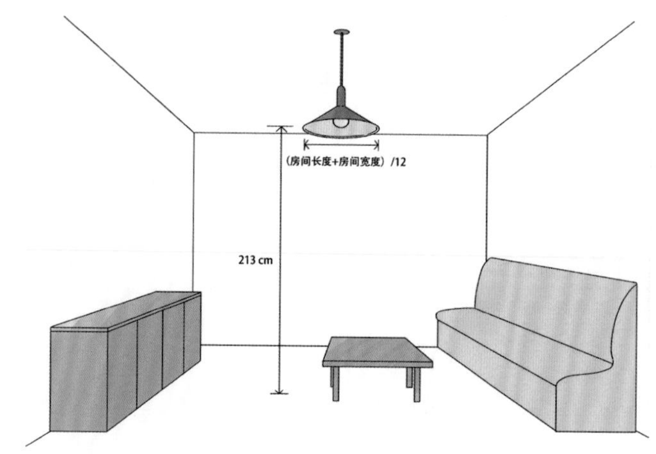

灯具直径 =（房间长度 + 房间宽度）/12，灯具距离地面保持 213~220 cm 的距离

大多数房间的灯具和地面之间需要保持 213~220 cm 的距离。但是，如果灯具悬挂在咖啡桌或者其他家具的上方，因为不必担心走过，所以可以悬挂得低一点，从视觉上也更呼应下方摆放的家具。桌子上方的灯具直径应该比桌子的宽度小 30 cm，避免灯光直射头部。

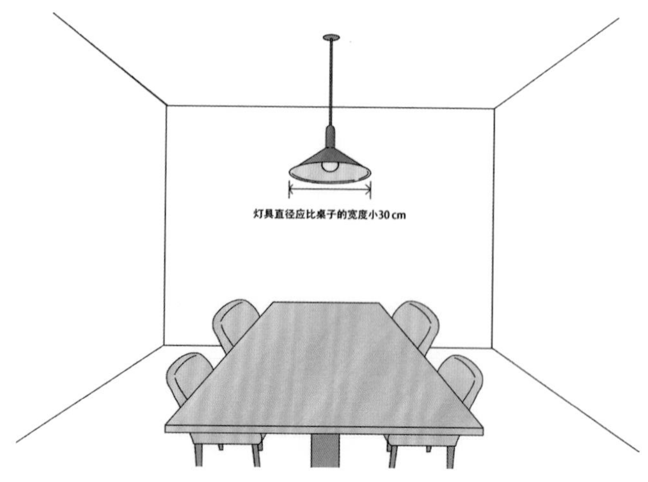

灯具直径应比桌子的宽度小

08

配光方式

一个空间中可以运用不同配光方案来交错设计出自己需要的光线氛围，照明效果主要取决于灯具的设计样式和灯罩的材质。在购买灯具前，首先要在脑海中构想自己想要营造的照明氛围，最好在展示间确认灯具的实际照明效果。

◆ 常见的配光方式

图示	类型	特征	光束
	直接照明	所有光线向下投射，适用于想要强调室内某处的场合，但容易将吊顶与房间的角落衬托得过暗	上方 0~10% 下方 90%~100%
	半直接照明	大部分光线向下投射，小部分光线通过透光性的灯罩，投射向吊顶。这种形式可以缓解吊顶与房间角落过暗的现象	上方 10%~40% 下方 60%~90%
	间接照明	先将所有的光线投射于吊顶上，再通过其漫反射光来照亮空间，不会使人炫目的同时容易创造出温和的氛围	上方 90%~100% 下方 0~10%
	半间接照明	通过向吊顶照射的光线漫反射，再加上小部分通过从灯罩透出的光线，向下投射，这种照明方式显得较为柔和	上方 60%~90% 下方 10%~40%
	漫射型照明	利用透光的灯罩将光线均匀地漫射至需要光源的平面，照亮整个房间。相比前几种照明方式，更适合于宽敞的空间使用	上方 30%~70% 下方 60%~70%

09

洗墙方式

如果想突出墙面的肌理特点或装饰元素，可考虑在顶面设计投射灯，通过点、线、面三种不同的洗墙方式，活化墙面灯光表情。投射灯之间的距离一般在100 cm左右，投射灯与墙面的距离则控制在30~35 cm为宜。

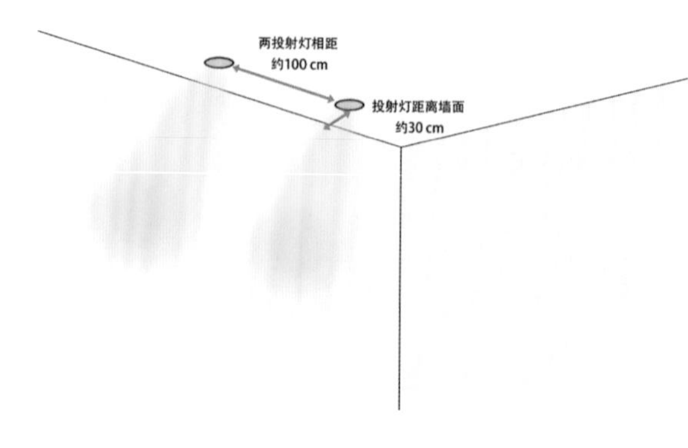

点

利用窄角灯具（8°~25°）通过与墙面垂直的方式，在墙面投射圆形光圈。

线

利用窄角投射灯具以贴近墙面进行洗墙，创造出光的线条。

面

以广角灯具或泛光灯具均匀投射墙面，提供均匀的间接照明。

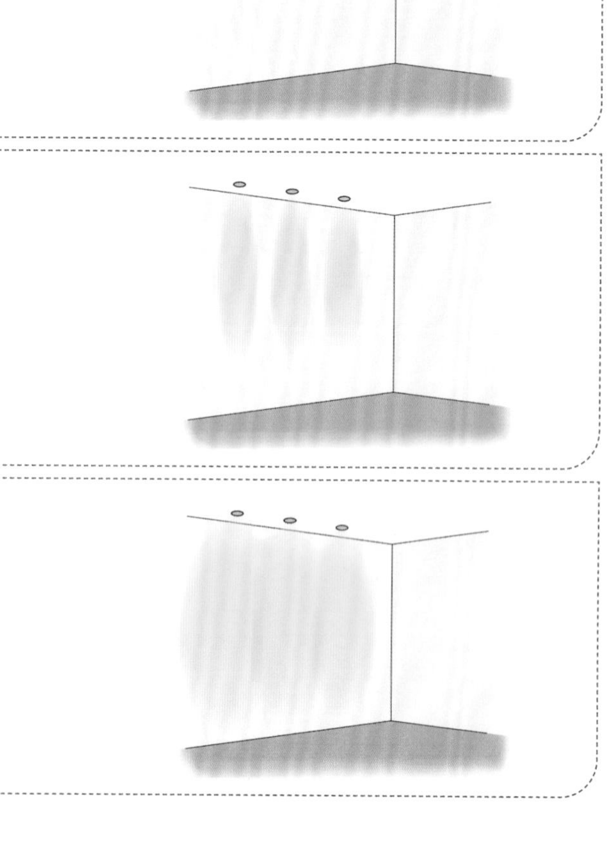

第二节 / 空间照明设计数值

01 玄关照明设计数值

现代风格的玄关一般选择灯光柔和的筒灯或隐藏于顶面的灯带进行装饰；欧式风格的别墅通常会在玄关的正上方顶部安装大型多层复古吊灯，灯的正下方摆放圆桌或方桌搭配相应的插花或摆件，用来增加高贵隆重的仪式感。别墅玄关吊灯一定不能太小，高度不宜吊得过高，要相对客厅的吊灯更低一些，跟桌面花艺、摆件做很好的呼应，灯光要明亮。

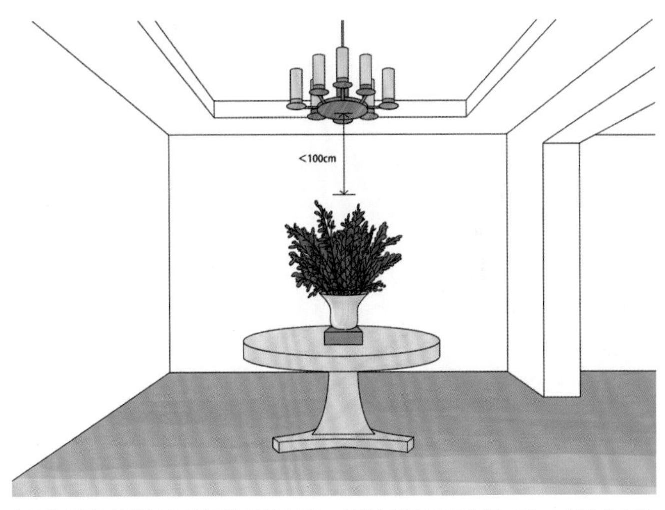

吊灯的正下方摆放圆桌搭配相应的花艺，吊顶与花艺之间保持 100 cm 以内的高度

玄关柜上可摆放对称的台灯作为装饰，一般没有实际的功能性。有时候也用三角构图，摆放一个台灯与其他摆件和挂画协调搭配，但要注意台灯的色彩与后面的挂画色彩形成呼应。

玄关柜上的台灯通常与摆件形成三角构图的摆设，尺寸上没有过多的限制

玄关区域宜选择色温较低的暖色光源，让人进门的时候有一种被接受、被欢迎的感觉，同时还能突出家居环境的温暖和舒适感，因此建议将玄关空间的照明色温控制在 2800K 左右。如果玄关面积不大，一般选择 5W 左右的光源就足够了。此外，忌使用暗色系或深色调的光源，以免让小空间显得更为压抑。

除一般式照明外，还应考虑到使用起来的方便性。可在鞋柜中间和底部设计间接光源，方便家人或客人进出换鞋，兼顾功能与装饰美感。鞋柜下方的照明安装位置大约距离地面 15~25 cm。

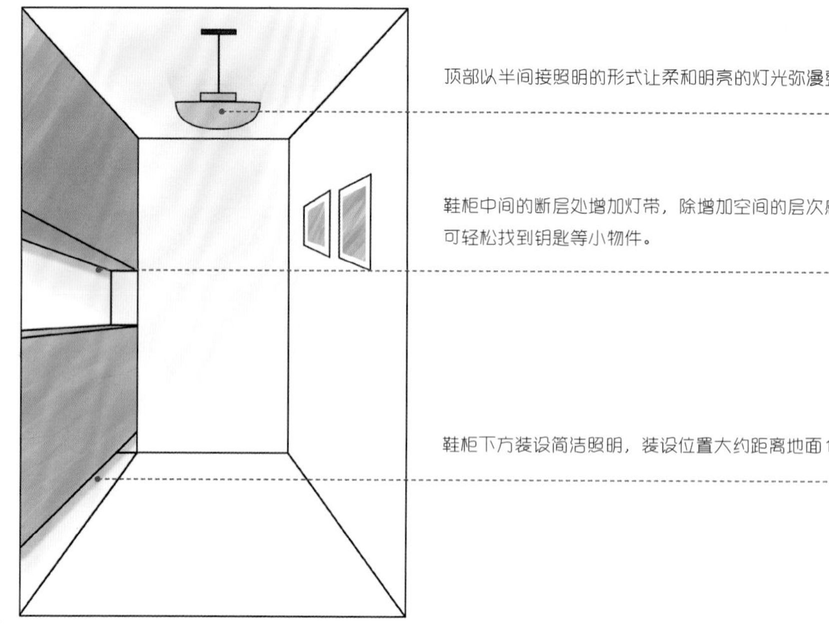

玄关空间的照明设置

过道照明设计数值

过道照明设计应重视行走时的安全性，正常情况下一般需要 30~75 lx 的照度。除了必须具备长明灯的功能，还应让光照射到墙壁上，让人可以看到过道的尽头。此外，也可以设置亮度为 5W 左右的地脚灯，以增强夜晚在过道行走时的安全感。

过道灯具的安装需要让灯具保持同一方向，高顶的过道需要选择使用低悬挂灯。灯具和地面之间至少应保持 213 cm 的距离。在狭长的过道中，可以通过在吊顶间隔布置多盏吊灯的手法，将空间分割成若干个小空间，从而化解过道过长的问题。同时多盏灯饰的布置，也丰富了过道空间的装饰性。

筒灯或壁灯在过道空间的运用极为普遍，其装设间隔一般为 175~200 cm，壁灯挑出墙面的距离一般为 9~40 cm。把灯光打在墙面上，可在很大程度上降低过道空间的压抑感。在过道空间中，壁灯一般可安装在距离地面 175~220 cm 的高度。由于光的扩散方式会随着灯具大小和光源功率的变化而变化，因此必须按照实际情况进行调整。

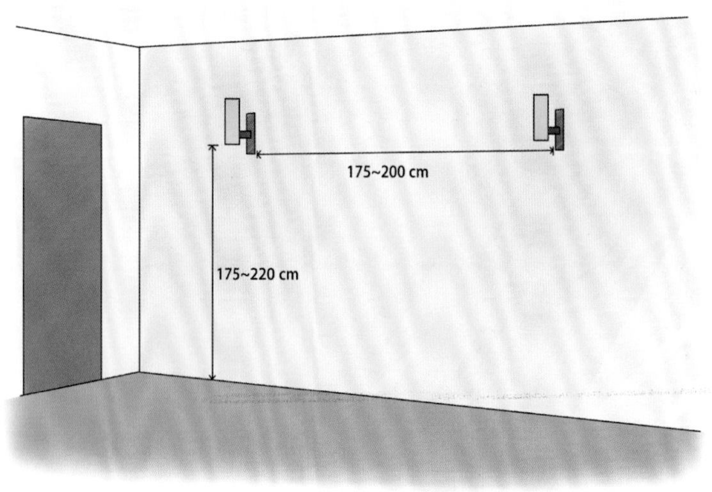

过道空间安装壁灯的尺寸设置

03 楼梯照明设计数值

复式住宅空间应考虑在晚上行走时的楼梯照明。可以考虑在楼梯转角处设置吊灯，让视觉更有停驻点。吊灯的亮度要适中，起到楼梯的照明功能即可，尽量避免局部过亮产生炫光。可以根据楼梯的大小和长短，调整吊灯的大小和长度。

还可以借助扶手结构，安装一条与扶手平行的线形灯具，为楼梯空间提供稳定而实用的照明。除此之外，灯饰可安装在扶手的上中下任意位置，但其光照一定要能覆盖扶手区或楼梯台阶。

此外也可以利用地脚灯照亮每一层台阶。地脚灯不仅能够安装在楼梯间的两侧墙面上，还可直接安装到台阶的侧面上。其安装高度一般距离台阶 30 cm 左右，建议在台阶的高低差附近连续安装地脚灯，这样无论是上楼还是下楼，光源都不会直接出现在视线内。

如需提升楼梯空间的亮度或灯光装饰效果，可以考虑在楼梯墙面上安装壁灯。壁灯的安装高度一般需距离地面或楼梯台阶上方 185~220 cm。需要注意的是，应尽量避免在楼梯空间使用朝上照明的壁灯，以免在下楼时看到光源，对视线造成影响。

楼梯线形灯

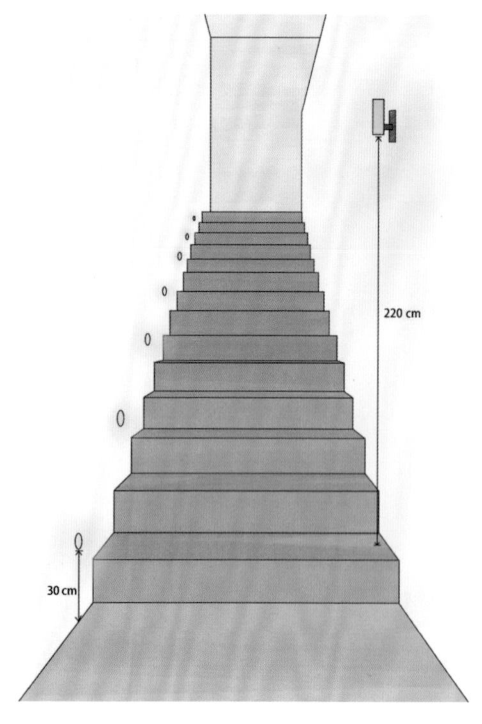

楼梯照明设计数值

04 客厅照明设计数值

客厅是一个家庭的中心区域，可以进行会客、交流、观看电视与阅读等活动。因此客厅照明方式也应多种多样。如与家人欣赏音乐和电视节目，以及和亲朋好友聚在一起小憩时，可以使用较为柔和的灯光，以看清人的表情为宜，营造出温馨的气氛；而当有客人来访，和来客攀谈时，则需较高的照度，明亮的环境更便于社交活动。客厅空间所需的照度一般为 150~300 lx，色温约 3000 K，如此就能满足一般人对客厅照明的需求了。如有阅读的需求，则应提供 600 lx 左右的区域性照明，可通过增设落地灯或者台灯等方式满足。

为客厅搭配主灯时，应结合客厅的实际面积，选择相应大小的灯具。面积为 10~25 m^2 的客厅，其灯具的直径尺寸不宜超过 1m，而面积在 30 m^2 以上的客厅，灯具的直径尺寸一般可在 1.2 m 以上。如需在客厅安装吊灯，吊灯下方与地面应保留 2 m 左右的距离。如果层高较低，则可以选择在顶面设置一盏造型简约的吸顶灯，搭配若干落地灯的形式进行设计。如果安装壁灯，高度一般要高于人的视线，应控制在 1.8 m 以上的位置，功率要小于 60 W 为宜。落地灯的尺寸主要考虑灯架高度、灯罩高度，高度一般为 1.6~1.8 m，具体应根据空间的层高来决定。

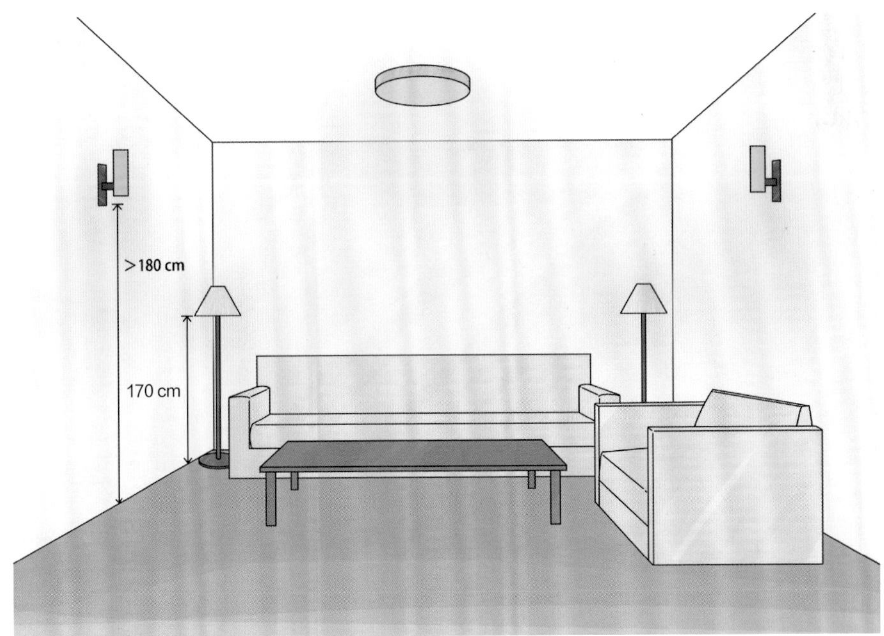

客厅空间安装壁灯的尺寸设置

客厅顶面除了主灯之外，安装隐藏式的灯带是目前比较流行的照明方式，但其光源必须距离顶面 35 cm 以上，才不会产生过大的光晕。反光灯槽的最小宽度应等于或大于灯管直径的两倍。如在电视墙的上方安装隐藏式灯带，可缓冲夜晚看电视时电视屏幕与周围环境的明暗对比，减少视觉疲劳。

客厅中的各种挂画、盆景、雕塑及艺术品等可用轨道灯或筒灯、射灯、壁灯等进行重点照明，使该区域的光照度大于其他区域，让光线直接照射在需要强调的物品上，以强调细部的艺术感并突出客厅的装饰品位与个性。

此外，很多别墅的客厅挑高通常能达到 6 m，这种层高充裕的客厅，一般只能在 3 m 以上的空间装设主灯。3 m 以下的空间，可考虑使用洗墙灯、壁灯等作为辅助光源。如果空间有 2 层楼高，则主灯的设计至少不能低于第二层楼。如果第二层上有窗户，则应将主灯放在窗户中央的位置。

客厅灯带的高度设置

05

卧室照明设计数值

卧室作为睡眠休息的空间，温馨、安静、闲适是卧室灯具搭配的主旨。在卧室的照明设计中，应以光线明暗的表现手段，来突出其作为休息空间的主要功能。除了提供有助于睡眠的柔和光源外，更重要的是利用灯光的搭配和布置来缓解紧张的工作及生活压力。

在卧室空间的照明设计中，应尽量保持空间灯光的柔和度，不需要明亮的光线，只要满足正常需求便可，因此需要在合理范围内，减弱卧室的照明功能性，要求在合理控制灯具数量的同时，将室内照度控制在人眼感到舒适的范围。

卧室的普通照明可以选择较为柔和的黄光。灯光色温也不宜过高，一般控制在 2800~3000 K 为佳。如果是儿童房，则应根据孩子的性别及年龄进行适当的调整，而且由于儿童房具有娱乐、学习等功能，因此色温不宜过暗，将其控制在 3500~4000 K 为佳。

由于卧室空间的高度和大小与灯具尺寸及光源的大小成正比，因此，在选择时应结合卧室空间的高度及大小情况。

◆ 卧室的灯具选择

卧室面积	灯具类型
面积在 10 m^2 及以下的卧室	直径 26 cm、额定功率为 22 W 以下的吸顶灯
面积在 10~20 m^2 的卧室	直径 32 cm、额定功率为 32 W 左右的吸顶灯
面积在 20~30 m^2 的卧室	直径 38~42 cm、额定功率为 40 W 的吸顶灯
面积大于 30 m^2 的卧室	直径为 70~80 cm 的双光源的吸顶灯

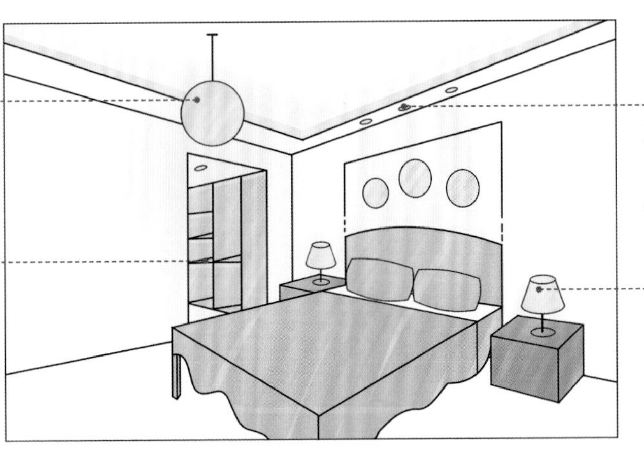

卧室空间的照明设置

卧室一般建议使用漫射光源，采用壁灯或者 T5 灯管都可以。吊灯的装饰效果虽然很强，但是并不适用层高偏矮的房间，特别是水晶灯，只有层高确实够高的卧室才可以考虑安装。在无顶灯或吊灯的卧室中，采用安装筒灯进行点光源照明是很好的选择，光线相对于射灯要柔和。

卧室灯具的安装高度一般为距离地面 213~215 cm，如需将灯具安装在床的正上方位置，则人跪在床上时，灯具至少距离头部 15 cm。若以大型吊灯作为卧室的主要光源，尽量不要将吊灯安装在床的正上方，而是置于床尾的上方。

卧室一般都需要有辅助照明装饰，在床头安装的壁灯，最好选择灯头能调节方向的，灯的亮度也应该能满足阅读的要求。壁灯的风格应该考虑和床上用品或者窗帘有一定呼应，以便达到比较好的装饰效果。安装前首先确定壁灯距离地面高度和挑出墙面距离。床头壁灯的安装高度一般在床垫上方 60~75 cm 的位置。

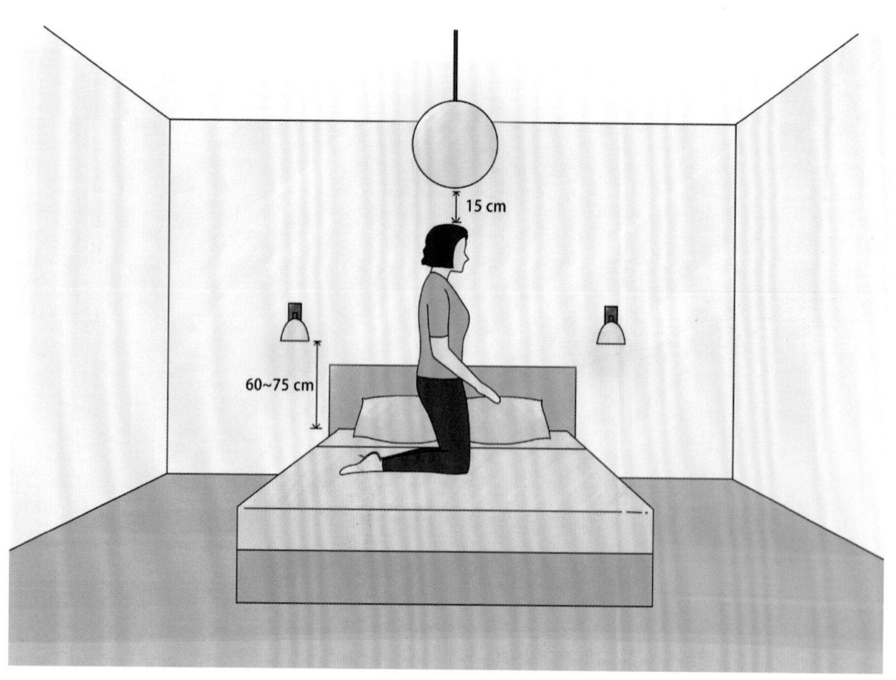

卧室安装灯具的高度设置

06

书房照明设计数值

书房照明主要满足阅读、写作等需要，要考虑灯光的功能性，款式简单大方即可，光线要柔和明亮，避免眩光产生疲劳，使人舒适地学习和工作。间接照明能避免灯光直射所造成的视觉眩光伤害，所以书房照明最好能以间接光源处理，如在顶面的四周安置隐藏式光源，能烘托书房沉稳的氛围。通常书桌、书柜、阅读区是需要重点照明的区域，应增设照明以满足使用需求。

书房空间的重点照明必须达到 500 lx 以上，阅读区需要 450~750 lx 的照明。因此，可以选择在书桌上增加具有定向光线的可调角度灯具，既保证光线的强度，也不会看到刺眼的光源。台灯宜用白炽灯，最好在 60 W 左右。若是在书房中的单人椅、沙发上阅读，最好采用可调节方向和高度的落地灯。书柜照明也可通过灯光变化营造有趣的效果，如通过轨道灯的设计，让光直射书柜上的藏书或物品，形成端景的视觉焦点变化，达到画龙点睛的效果。轨道灯的轨道位置一般距离墙面 80 cm 左右， 每个灯具相隔 30~40 cm。

◆ 书房的照度推荐值

年龄（岁）	水平照度(lx)			垂直照度(lx)		
	书房	家庭办公室	书桌区域	书房	家庭办公室	书桌区域
< 25	100	200	200	15	37.5	37.5
25 ~ 65	200	400	400	30	75	75
> 65	400	800	800	60	150	150

07 餐厅照明设计数值

餐厅空间的灯具多采用小型吊灯搭配暖色光源的方式，其色温控制在 2500~2800 K 之间。从心理学的角度来讲，暖色系更能刺激食欲，而在暖色调的灯光下进餐也会显得更加浪漫且富有情调。如需在餐厅设置工作区或阅读区，应在其上方选择让光源往下打的灯罩设计，并且其照度不可低于 450 lx。此外还可以增加间接式照明或移动式台灯，以保护眼睛不会因光线不足而受到伤害。

◆ 用餐区域的照度推荐值

项目	水平照度(lx)			垂直照度(lx)		
	< 25 岁	25~65 岁	> 65 岁	< 25 岁	25~65 岁	> 65 岁
正式宴会	25	50	100	10	20	40
非正式宴会	50	100	200	20	40	80
学习使用	100	200	400	25	50	100
早餐	100	200	400	25	50	100

灯具的照射范围可达到 10 m 的高度，但一般家居的层高不超过 3 m，而且考虑人走到餐桌边会坐下，因此灯具的高度不宜太高。一般餐厅吊灯距餐桌桌面 50~80 cm 较为合适，过高容易让餐厅空间显得空洞单调，而过低则会在视觉上形成一定的压迫感。选择让人坐下来视觉会产生 45° 斜角的焦点，且不会遮住脸的悬吊式吊灯即可。

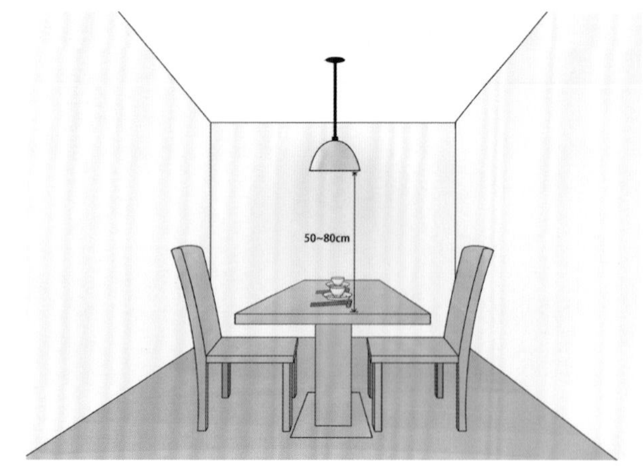

餐厅吊灯距离桌面的高度

吊灯的尺寸可根据餐桌的大小进行选择。120~150 cm 长的餐桌应搭配其长度的 1/3 也就是直径 40~50 cm 的吊灯。180~200 cm 长的餐桌可以使用直径为 80 cm 左右的灯具或多个小型的吊灯。

单盏大灯适合 2~4 人的餐桌，能自然而然地将视觉聚焦。如果比较重视照明光感，或是餐桌较大，不妨多加 1~2 盏吊灯，但灯具的大小比例必须调整缩小。长形的餐桌既可以搭配一盏相同造型的吊灯，也可以用同样的几盏吊灯一字排开，组合运用。如果吊灯形体较小，还可以将其悬挂的高度错落开，给餐厅增加活泼的气氛。

多盏吊顶高度错落的悬挂，活跃气氛

单盏吊灯将餐桌上方的视觉聚焦

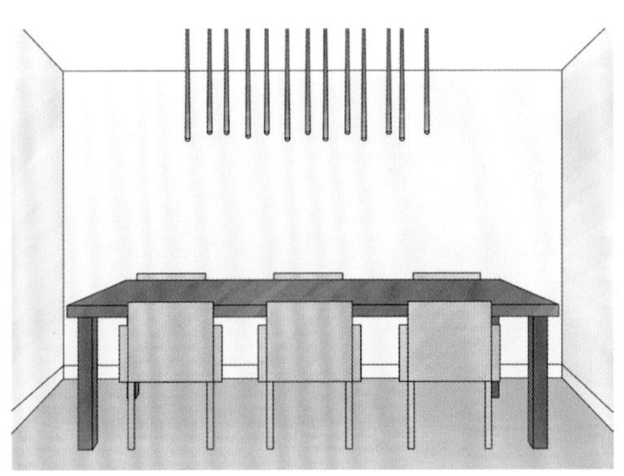

几盏吊灯一字排开，组合运用

◆ 吊灯与餐桌的搭配比例

普通大小餐桌

使用直径占餐桌长度 1/3 的吊灯，其高度为距桌面 60~80 cm。

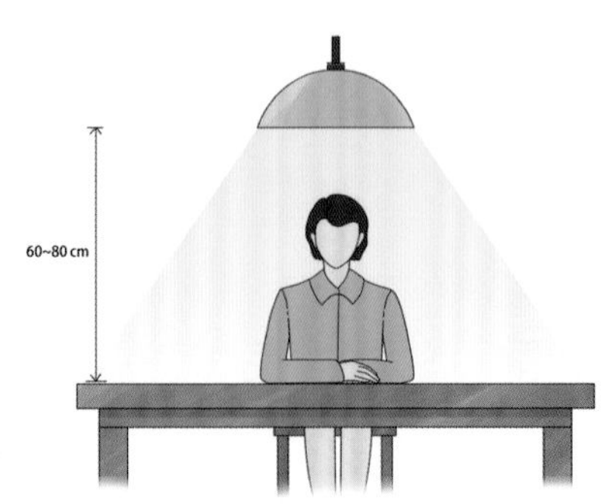

加长型餐桌

可配合加长餐桌使用尺寸更大的吊灯，以满足长桌的照明需求。其高度为距离桌面 60~80 cm。

大型餐桌

可同时搭配 2~3 盏小型吊灯，其高度为距离桌面 50~70 cm。

厨房照明设计数值

厨房的照明基本会用整体照明、操作区局部照明、水槽区局部照明、收纳柜局部照明来进行组合。小户型中，餐厨合一的格局越来越多见，选用的灯饰要注意以功能性为主，外形以现代简约的线条为宜。灯光照明则应按区域功能进行规划，就餐处与厨房可以分开关控制，烹饪时开启厨房区灯具，用餐时则开启就餐区灯具。也可调光控制厨房灯具，工作时明亮，就餐时暗淡，作为背景光处理。

厨房照明以明亮实用为主，应将照度维持在 450~750 lx，建议使用日光型照明。比如可选择显色指数接近 90，且色温在 4000 K 左右的光，既可以让味觉变得敏感，也能让空间显得更加整洁。但如果厨房与餐厅连接，厨房的色温最好与餐厅一致，色温可偏低。

◆ **厨房区域的照度推荐值**

项目	水平照度(lx)			垂直照度(lx)		
	＜25 岁	25~65 岁	＞65 岁	＜25 岁	25~65 岁	＞65 岁
一般活动	50	100	100	25	50	100
早餐区	100	200	400	25	50	100
炉灶	150	300	600	25	50	100
备餐区	250	500	1000	25	50	100
水槽	150	300	600	25	50	100
橱柜	—	—	—	25	50	100

灯具的造型应尽可能简单，把功能性放在首位，最好选择外壳材料不易氧化和生锈，或者表面具有保护层的灯具。安装灯具的位置应尽可能远离灶台，避开蒸汽和油烟，并且要使用安全插座。灯具的造型应尽可能简单，方便擦拭。如果在厨房安装吊灯，应距离地面 183 cm 或距离操作台 71~86 cm。安装过低容易对人的视线造成影响。采用铝扣板吊顶的厨房通常采用配套的 LED 灯具，采用石膏板吊顶的厨房可考虑采用筒灯或吸顶灯。

开放式的厨房由于和外界是衔接在一起的，所以在灯具的布置上应考虑整体的效果。一般来说，开放式厨房的橱柜，无论是一字形、L 形还是 U 形，光源多采用嵌入式筒灯的形式，数量多为 6~10 个，一般不使用吸顶灯，光源尽量选择偏暖光。布灯的方法可以根据开放式厨房所占整体空间的面积安排，如果厨房面积达到 10 m^2，为保证明亮，需要用 9 个筒灯，可以用四周环绕 8 个，中间 1 个的方法安装。如果厨房面积只有 6~7 m^2，使用 6 个筒灯就够了，以 2 横 3 竖的方法排布比较美观。

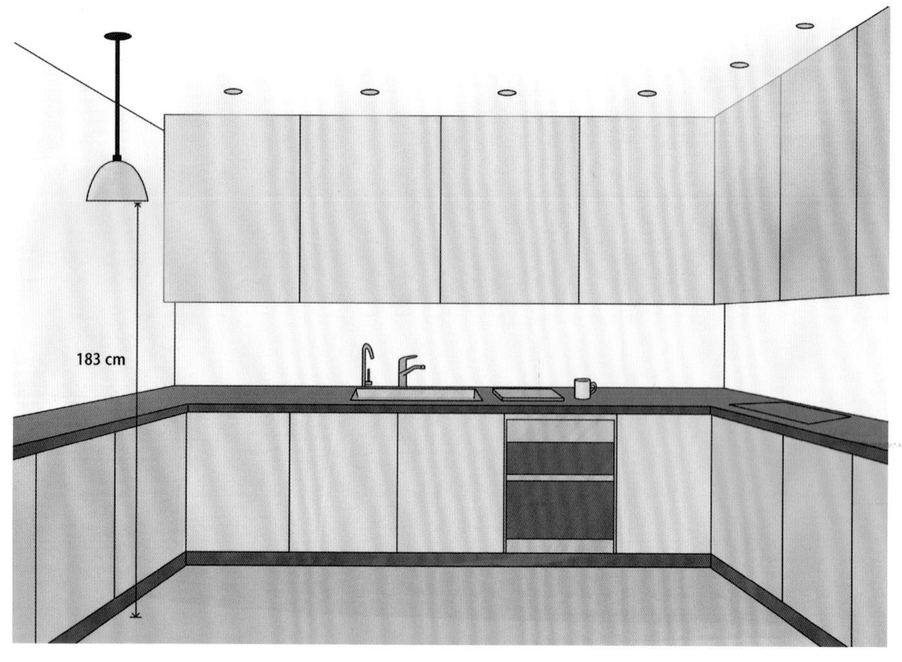

厨房吊灯距离地面的高度

厨房除了要在顶面装置顶灯，满足基本照明需求，还应在操作台面上增加照明设备，以免在操作时身体挡住主灯光线。为保证烹饪过程中的安全性，厨房操作台必须要有 300~500 lx 的照度，在光源上，通常采用能保持蔬菜水果原色的荧光灯，因此可在吊挂式橱柜的底部安装 20~40 W 的 T5 灯管或 LED 灯 。没有吊挂式橱柜的厨房，可考虑在操作台上装设筒灯进行补充，以满足照明需求。

厨房中的水槽多数都是临窗的，在白天采光会很好，但是到了晚上做清洗工作就只能依靠厨房的主灯。但主灯一般都安装在厨房的正中间，这样当人站在水槽前正好会挡住光源，所以需要在水槽的顶部预留光源。

收纳吊柜的灯光设计也是厨房照明不可或缺的一个重要环节，可在收纳吊柜内部的最上侧安装照明嵌灯即可。为了突出这部分照明效果，通常会采用透明玻璃来制作橱柜门，或者是直接采用无柜门设计。

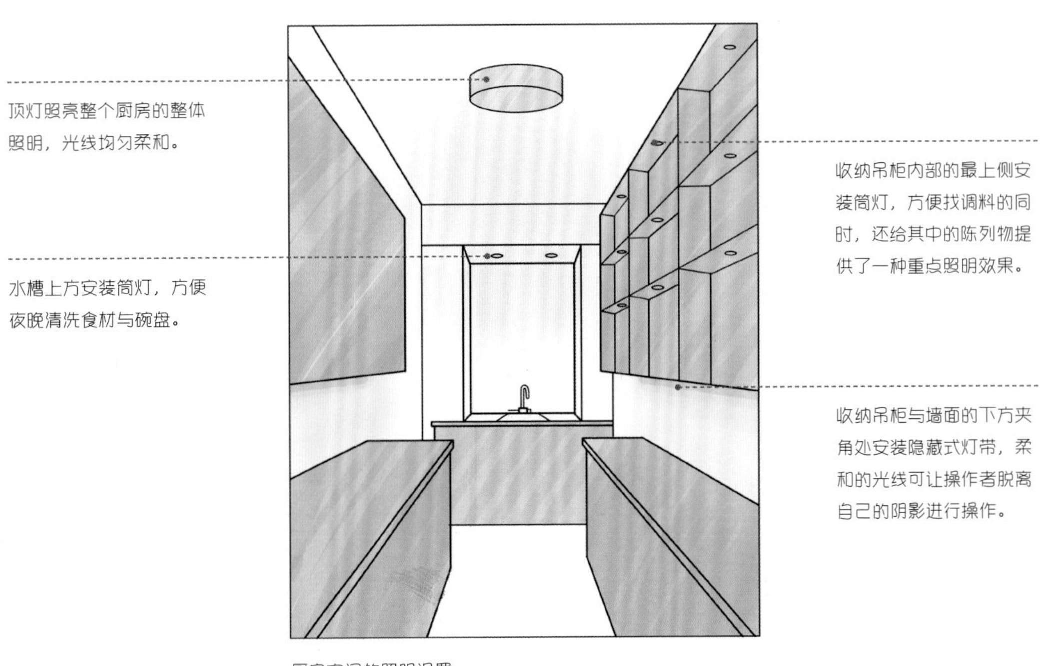

厨房空间的照明设置

09 卫浴间照明设计数值

在一些小户型住宅及一些卧室中附带卫浴间的室内空间中，卫浴间的面积通常略显狭小，应选择一款相对简洁的顶灯作为基本照明，不仅可减少空间中所使用的灯具数量，还可最大程度降低灯具对空间的占用率。在各种灯具中，吸顶灯与筒灯为最佳选择。但如果卫浴间的层高足够高挑，那么可考虑选择一款富有美感的装饰吊灯作为照明灯具。

卫浴间吊顶扣板的尺寸多数为 30 cm × 30 cm。因此，在为其搭配顶面灯具时，应根据扣板的大小进行选择。卫浴间的照明设计可分为淋浴间和干区两个部分，除了安装主灯以满足整体照明需求外，还可以根据分区空间进行针对性的照明设计，让光线分布更加合理及人性化。

湿区淋浴间的光线以柔和为主，面积在 3~5 m^2 的淋浴空间，一般只需搭配 60 W 的光源就能满足基本的照明需求。同时对色温的指数要求也不高，大约在 1 000 K 即可。在灯具材料上，最好选择防水及绝缘性较好的产品。

卫浴空间的照明设置

合适的卫浴间镜前照明必须满足以下要求：能提供充足的垂直面照明；光源的显色指数达到 95 以上；最好可以调节色温，能提供符合场景的光色。通常镜前照明的色温可以调节为 2 700~3 000 K。

镜前灯既可安装在镜面的左右两侧，也可在镜面前方安装圆形或椭圆形吊灯，灯光可直接洒向镜面。但同时要保证照明光线的柔和度，否则容易引起眩光，一般选择 10 W 左右的光源即可。如果有在镜子前化妆的需求，则可以选择 60 W 以上的 T5 三基色荧光灯，或者暖色系的 LED 灯。既能满足照明需求，也不会产生刺眼的眩光。

卫浴间的镜前灯一般安装在镜子两侧，安装高度和镜子的高低有很大的关系。一般来说镜子安装的高度在 1.7~1.8 m 之间。所以镜前灯的高度通常不高于 1.8 m。当然具体还是要根据实际情况来定，如果使用者的身高比较高，镜子和镜前灯的位置都需要向上移动。如果是专门为孩子设计的，高度可以设置在 1.5 m 左右。

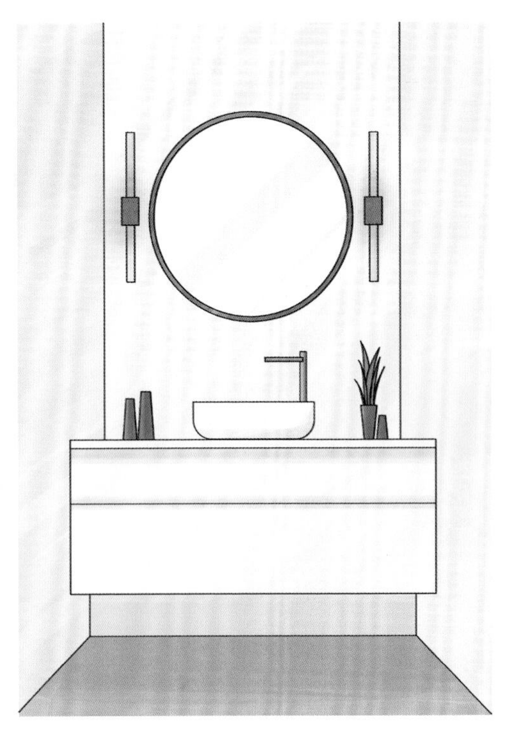

镜前灯安装于镜子的两侧，其长度与镜子的高度相当

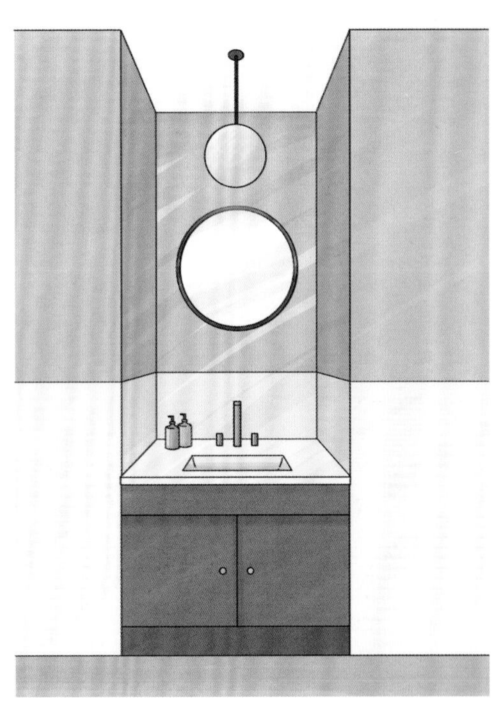

镜面前方安装圆形吊灯，一般选择 10 W 左右的光源即可

FURNISHING

DESIGN

SIZE

软装饰品陈设尺寸

F u r n i s h i n g

Design

第一节 / 装饰画悬挂尺寸

01 装饰画悬挂法则

装饰画是软装设计中不可缺少的元素之一。如果不想通过后期施工对墙面色彩和图案进行处理，那么装饰画就是快速改变墙面妆容的利器。选择装饰画的首要原则是要与空间的整体风格相一致，不同的空间可以悬挂不同题材的装饰画，采光、背景等细节也是选择装饰画时需要考虑的因素。

装饰画悬挂法则如图所示，可作为墙面挂画的参考。其中视平线的高度决定挂画的合理高度；梯形线让整个画面具有稳定感；轴心线对应空间的轴心，沙发、茶几、吊灯以及电视墙的中心线都可以在轴心线上，与之呼应；A 的高度要小于 B 的高度，C 的角度在 60° ~80° 之间。

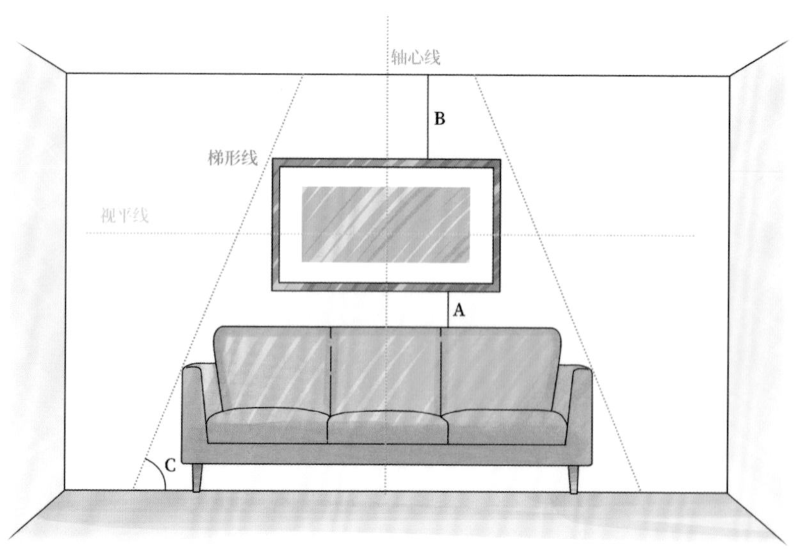

装饰画悬法则挂示意图

02

装饰画悬挂高度

通常人站立时视线的平行高度或者略低的位置是装饰画的最佳观赏高度。所以单独一幅装饰画不要贴着吊顶之下悬挂，即使这就是观者的水平视线，也不要挂在这个位置，否则会让空间显得很压抑。

如果在客厅沙发墙上挂画，装饰画高度在沙发上方 15~20 cm。如果在空白的墙面上挂画，装饰画中心离地面约 145 cm。餐厅中的装饰画要挂的低一点，因为一般都是坐着吃饭，视平线会降低。

沙发上方墙面的挂画高度

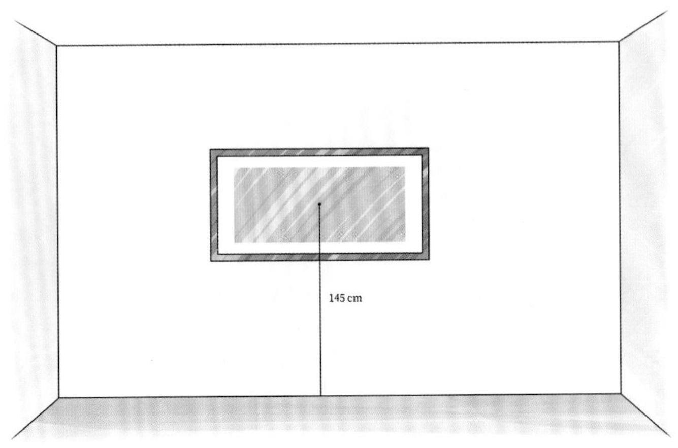

空白墙面的挂画高度

如果是定制手绘壁画，加工尺寸宽度和高度至少要加大 10 cm，施工现场裁切。如果是两幅一组的挂画，中心间距最好是在 7~8 cm。这样才能让人觉得这两幅画是一组。眼睛看到这面墙，只有一个视觉焦点。有时装饰画的高度还要根据周围摆件来决定，一般要求摆件的高度不超过装饰画的 1/3，并且不能遮挡画面的主要表现点。当然，装饰画的悬挂更多是一种主观感受，只要能与环境协调，不必完全拘泥于数字标准。

两幅一组的挂画，中心间距最好是 7~8 cm

摆件的高度不超过装饰画的 1/3

◆ 装饰画和墙面的比例

最应该考虑的是装饰画和墙面的尺寸是否契合。

挂画公式：墙面的宽度 ×0.57= 最理想的挂画宽度。

如果是想要挂一套画组，那就先把一组装饰画想象成是一个单一的个体。

03

单幅与多幅装饰画的悬挂尺寸

当所选装饰画的尺寸很大，或者需要重点展示某幅画作，又或是想形成大面积留白且焦点集中的视觉效果时，都适宜采用单幅悬挂法，要注意所在墙面一定要够开阔，避免给人拥挤的感觉。例如在客厅、玄关等墙面挂上一幅装饰画，把整个墙面作为背景，让装饰画成为视觉的中心。注意装饰画与墙面大小的比例要适当，左右上下一定要适当留白。

单幅装饰画应把握好与墙面大小的比例，成为视觉中心的同时避免带来拥挤的感觉

如果是悬挂大小不一的多幅装饰画，就不是以画作的底部或顶部为水平标准，而是以画作中心为水平标准。当然同等高度和大小的装饰画就没有那么多限制了，整齐对称排列就好。

墙面上悬挂多幅大小不一的装饰画，以最大幅装饰画的中心为水平标准

如果想要在空间中挂多幅装饰画，应考虑画和画之间的距离。例如挂三幅组合画，那么每幅画大概相隔 5~8 cm。几个相同的装饰画之间距离一定要保持一致，但是不要太过于规则，还需要保持一定的错落感。

如果悬挂多幅装饰画，那么画与画之间的距离应控制在 5~8 cm

多个尺寸相同的装饰画，在悬挂时可保持一定的错落感

04

装饰画悬挂方式

多幅宫格法

宫格法挂装饰画是最不容易出错的方法。2、3、4、6、9、12、16 幅装饰画都可以，只要用统一尺寸的画拼出方正的造型即可。悬挂时上下齐平，间距相同，一行或多行均可。单行多幅连排时画面内容可灵活一些，但要保持画框的统一性，以加强连排的节奏感。

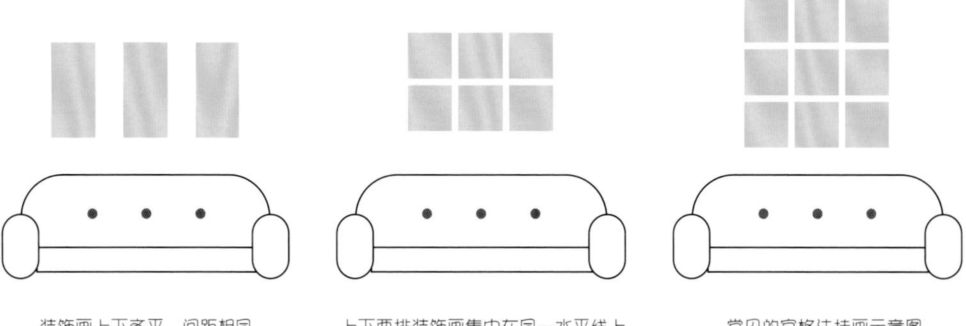

装饰画上下齐平，间距相同　　上下两排装饰画集中在同一水平线上　　常见的宫格法挂画示意图

中线挂法

让上下两排大小不一的装饰画集中在一条水平线上，随意感较强。画面内容最好表达同一主题，并采用统一样式和颜色的画框，整体装饰效果更好。选择尺寸时，要注意整体墙面的左右平衡，可以以单排挂画的中心所在线为标准。

对称分布法

以中心线为基准，装饰画成左右、上下对称分布，这种排列方式模仿中国传统建筑的对称分布方式，十分富有美感。画框的尺寸、样式、色彩通常是统一的，画面内容最好选设计好的固定套系。如果想单选画芯搭配，一定要放在一起比对是否协调。

装饰画左右对称分布

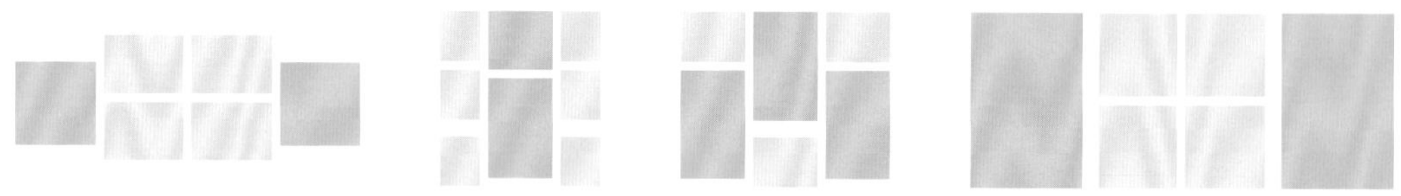

常见的对称分布法挂画示意图

水平线挂法

水平线挂法分为上水平线挂法和下水平线挂法。上水平线挂法是将画框的上缘保持在一条水平线上，形成一种将画悬挂在一条笔直绳子上的视觉效果。下水平线挂法是指无论装饰画如何错落，所有画框的底线都保持在同一水平线上，相对于上线齐平法，这种排列的视觉稳定性更好，因此画框和画芯可以多些变化。

上水平线挂法

下水平线挂法

对角线排列法

以对角线为基准，装饰画沿着对角线分布。组合方式多种多样，最终可以形成正方形、长方形、不规则形等。

常见的对角线排列法挂画示意图

阶梯式排列法

楼梯的照片墙最适合用阶梯式排列法，核心是照片墙的下部边缘要呈现阶梯向上的形状，符合踏步而上的节奏。不仅具有引导视线的作用，而且表现出十足的生活气息。这种装饰手法在早期欧洲盛行一时，特别适合较高的房子。

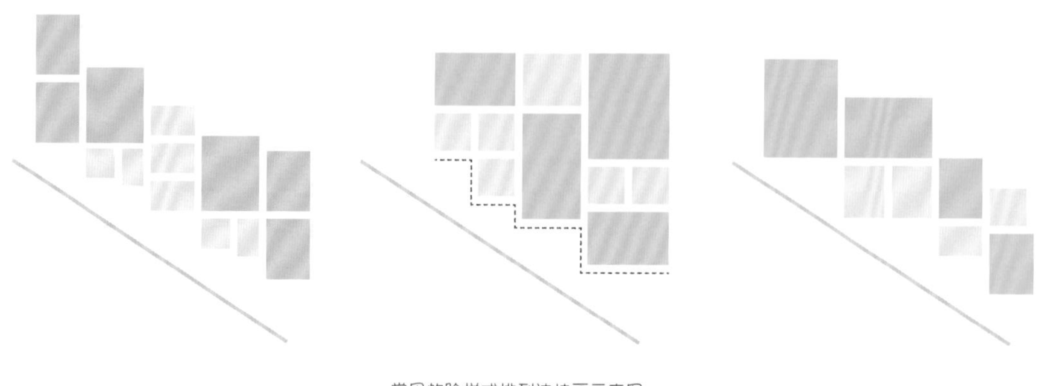

常见的阶梯式排列法挂画示意图

混搭式悬挂法

采用一些挂钟、工艺品挂件来替代部分装饰画，并且整体混搭排列成方框，形成一个有趣的更有质感的展示区，这样的组合适用于墙面和周边比较简洁的环境，否则会显得杂乱。混搭悬挂法尤其适合乡村风格的空间。

多幅装饰画中间加入工艺品挂件的点缀

常见的混搭式悬挂法挂画示意图

搁板陈列法

这种方式一般需要搁板的配合，例如选择单层搁板、多层搁板整齐排列或错落排列。注意当装饰画置于搁板上时，可以让小尺寸装饰画压住大尺寸装饰画，将重点内容压在非重点内容前方，这种方式给人视觉上的层次感。

面搁板上方陈列装饰画

常见的搁板陈列法挂画示意图

第二节 /

照片墙悬挂尺寸

01

墙面尺寸与照片数量

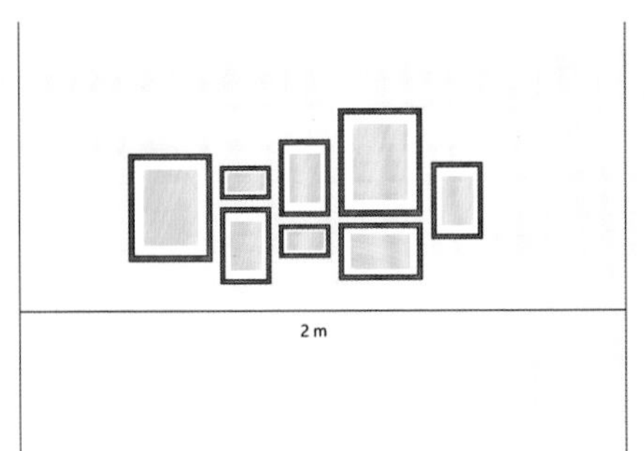

宽度 2 m 左右的墙面，通常比较适合 6~8 框的照片墙样式

小的相框有 7 英寸（1 英寸≈ 2.54 cm）、8 英寸、10 英寸，大的相框有 14 英寸、18 英寸和 20 英寸等。相框的尺寸通常是指相框的内径尺寸。7 英寸相框适合放 12.7 cm × 17.8 cm 的照片，8 英寸相框适合放 15.2 cm × 20.3 cm 的照片，10 英寸相框适合放 20.3 cm × 25.4 cm 的照片，14 英寸相框适合放 27.9 cm × 35.6 cm 的照片，18 英寸相框适合放 35.6 cm × 45.7 cm 的照片，20 英寸相框适合放 40.6 cm × 50.8 cm 的照片。照片再小一些也可以，周围用卡纸镶嵌即可。布置时可以采用大小组合，在墙面上形成一些变化。

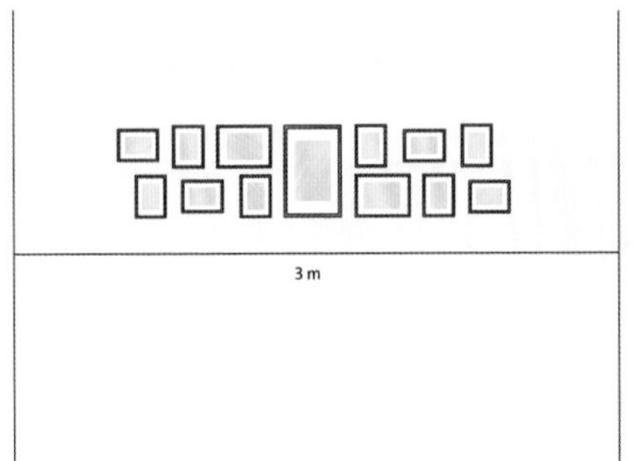

宽度在 3 m 左右的墙面，建议考虑 8~16 个相框的照片墙样式

一般情况下，照片墙最多只能占据 2/3 的墙面空间，否则会给人造成压抑的感觉。如果是平面组合，相框之间的间距以 5 cm 最佳，太远会破坏整体感，太近会显得拥挤。宽度 2 m 左右的墙面，通常比较适合 6~8 个相框的组合形式，太多会显得拥挤，太少难以形成焦点。墙面宽度在 3 m 左右，建议考虑 8~16 个相框的组合。

照片墙的间距尺寸

打造照片墙之前要先量好墙面的尺寸并考虑好组合方式，这样才能够分配好不同的照片，并确定每张照片的大小。如果选择对称的组合样式，就将相同尺寸的照片分成两组，以便安装时能分清楚。在安装的过程中，建议先将大照片排列进去，如果是对称图形的话，就从中心点摆起，这样做有利于拼凑形状。如果相框大而笨重，位置较高，最好是请专业人士安装，以避免出现安全问题。

不论是哪种组合样式，都应遵循照片与照片之间的距离保持一致的原则，这样视觉上比较舒服，建议照片间的距离和学生用尺的宽度相同，测量时将尺子放到两张照片中间即可，这是简单而准确的测量方法。

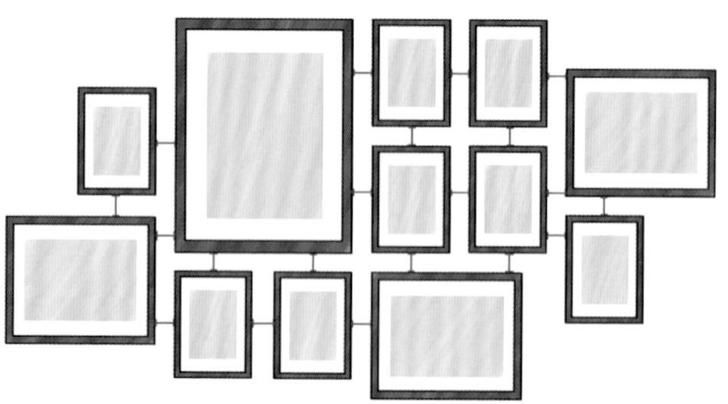

照片墙应遵循照片与照片之间的距离保持一致的原则

03

照片墙的安装尺寸

错落型照片墙

错落型的照片墙给人既规整又富有变化的视觉感受。例如 8 个相框，分别为 2 个 24 cm × 30 cm 的大相框，2 个 14 cm × 17 cm 的中等相框，4 个 11 cm × 14 cm 的小相框，可打造出错落有致的效果。

错落型照片墙尺寸设置

对称型照片墙

对称是使用最多的一种设计方式。图示上共包含 6 个相框，分别为 4 个 16 cm × 20 cm 的大相框和 2 个 11 cm × 17 cm 的小相框，4 个大相框按照上下各两个居中摆放，2 个小相框居左右两边，以对称型排布。

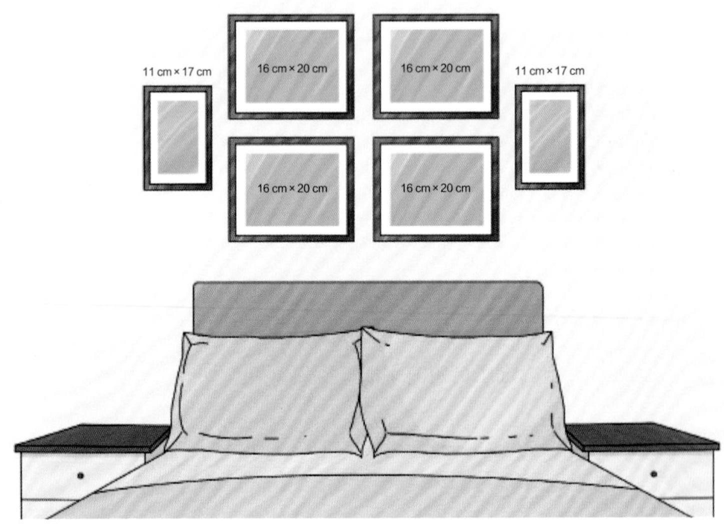

对称型照片墙尺寸设置

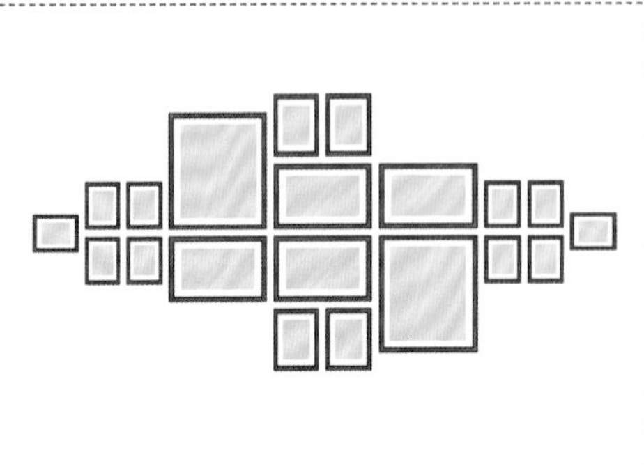

这种方案完美表现出对称美学，如同倒映在水中的建筑物一般。在布置时先贴条宽胶带在正中间，然后先摆好胶带上方的照片，再摆放下方的照片，调整完工后再撕下胶带即可。

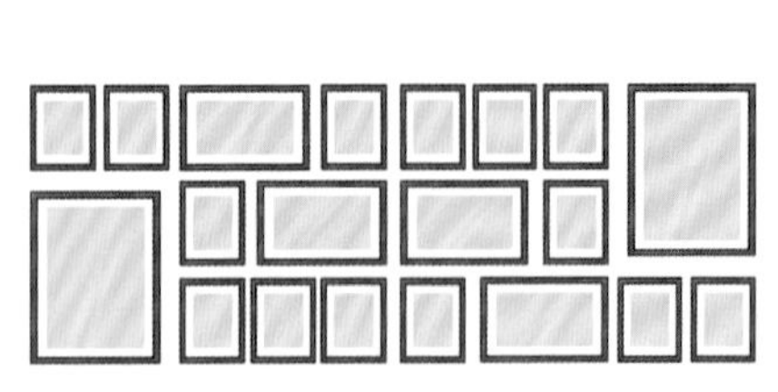

这种方案的中心点是两个相框，所以设计的难度会略大。此外，照片与照片间的距离各有不同，但遵守中心对称原则，从中间两张照片开始摆起，然后逆时针摆完其他照片。

不规则形照片墙

如果空间墙面比较大的话，则推荐采用不规则形的照片墙。例如 13 个相框，分别为 3 个 16 cm × 20 cm、3 个 10 cm × 20 cm、4 个 11 cm × 14 cm、2 个 10 cm × 10 cm、1 个 8 cm × 10 cm，进行随意的排列。

不规则形照片墙尺寸设置

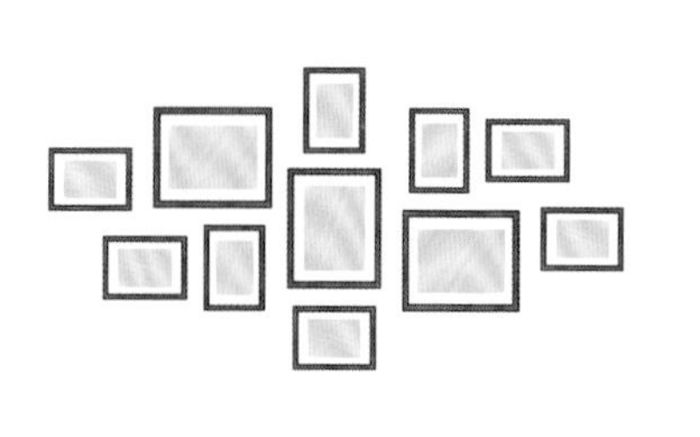

这类方案虽然看似杂乱无章，但很有美感，原因在于它属于中心对称，但正上方的相框和正下方呈不对称。安装时先从两侧对称开始摆起，然后再依次往中间摆。

这种方案需要先制作出不同大小的照片，再摆出心形的框架，最后填充内部。因为大部分的动物都呈对称图形，所以可发挥想象力，设计出蝴蝶或其他动物的样式。

方形照片墙

方形的照片墙给人简洁大方之感，也是比较容易掌握的一种设计方式。例如 8 个相框，分别为 3 个 16 cm × 20 cm 的大相框和 5 个 11 cm × 14 cm 的小相框，3 个大相框在上，5 个小相框在下均匀排列。

方形照片墙尺寸设置

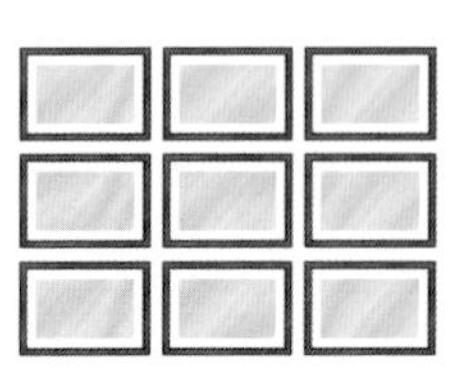

2~3 张同样大小的照片并列摆放，就完成了一个完整的画面。如果照片多的话，可以摆成六宫格、九宫格的样式，这种最直白的设计样式也会有很震撼的效果。

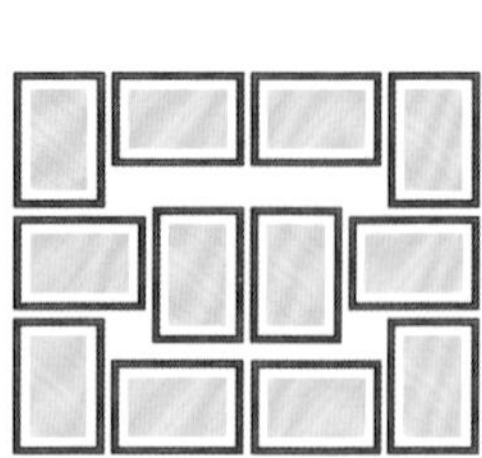

设计时以 1~2 个相框作为中心，上和下两边的相框对称，左和右两边的也对称即可。这种方案称为轴对称法，特点是外边缘呈规则的矩形，而且相框形状和数量不用一致。

建筑结构型照片墙

建筑结构型照片墙是根据楼梯建筑结构延伸设计的照片墙。例如 10 个相框，分别为 1 个 16 cm × 20 cm、1 个 14 cm × 17 cm、3 个 11 cm × 17 cm、2 个 11 cm × 14 cm、1 个 10 cm × 14 cm、1 个 10 cm × 10 cm、1 个 8 cm × 8 cm，按照楼梯倾斜方向进行排列。

建筑结构型照片墙尺寸设置

第三节 / 软装工艺品陈设尺寸

01 软装工艺品陈设原则

黄金分割法的基本理论来自于黄金比例——1 ：0.618，是由古希腊人发明的，主要用意在表达和谐，引领观赏者以最自然的方式欣赏框架内的画面。这个比例在日常生活和大自然中比比皆是，例如建筑、绘画、雕塑、服装设计等领域，当然也同样适用于软装设计美学。

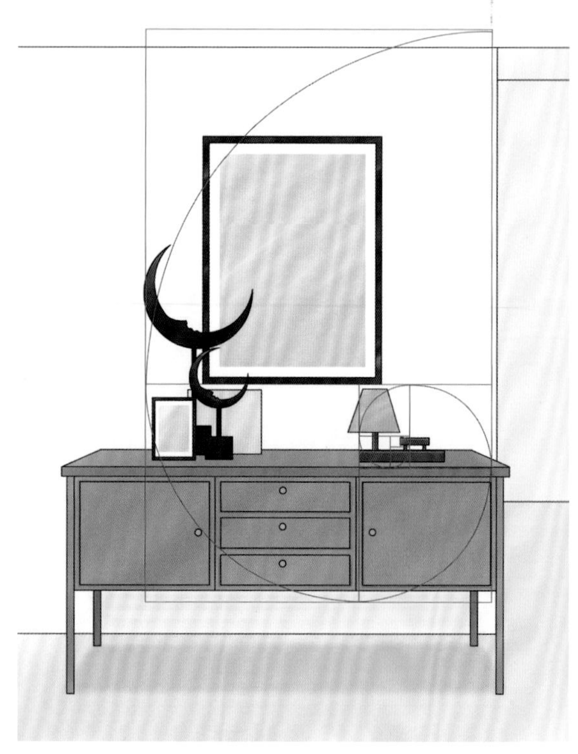

黄金分割法软装应用实例

2
1.0
1
5
3
4
0.618
1.0

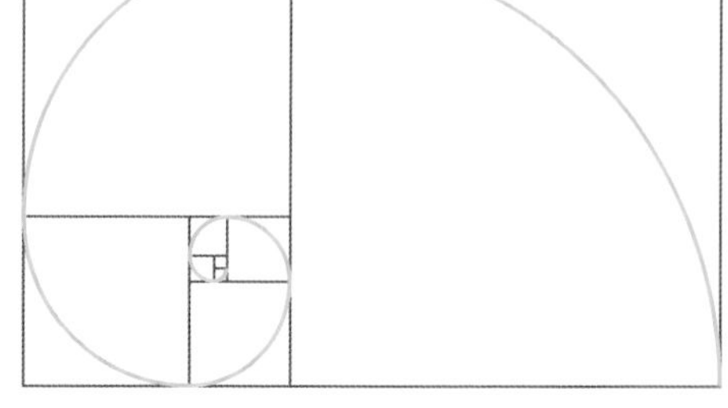

黄金分割法理论示意图

软装工艺品陈设区域

壁炉工艺品陈设

壁炉台面上可放置一些情景类的饰品组合，比如古典的雕塑、蜡烛和烛台，这样可以让整个壁炉看起来更加饱满。在壁炉后的墙面上挂一个铜制的挂镜，也是一个比较有代表性的做法，还可以在镜子前放置一幅尺寸较小的装饰画，不仅可以增强色彩冲击力，还可以减轻镜子的光线反射，达到一种视觉舒适的效果。

最基础的壁炉台面装饰方法是整个区域呈三角形，中间摆放最高大的背景物件，如镜子、装饰画等，左右两侧摆放烛台、植物或其他符合整体风格的摆件来平衡视觉，底部中间摆放小的画框或照片，角落里可以点缀一些高度不一的小饰品。此外，壁炉旁边也可适当加些落地摆件，如果盘、花瓶等，不升火时放置木柴等都能营造温暖的氛围。

壁炉区域摆设工艺品示意图

茶几工艺品陈设

茶几上陈设三种类型的饰品是最佳的搭配，不管是什么大小和形状，组合起来都非常和谐。如果茶几上的软装饰品数量较多，可把每三个相近的物品摆放为一组，例如三个球形花瓶、三本书等，每个组合之间又有点间隔，使整个桌面丰满而不拥挤。注意在堆叠书本的时候，最好是由大到小、从下到上摆放，这样非常有层次感。当然只是单纯的方形书本做装饰，会显得单调乏味，圆形物品能增加视觉愉悦感。圆形花瓶、蜡烛都可以。

高度不一的搭配会更有立体感。可以将三种不同高度的软装饰品进行陈设，最高的物品可以摆放在中间，两边采用对称陈设。当然，不对称呈现用得也很多，只要是不同高度错落有致的都会有很好的画面感。

如果茶几上有三组软装饰品，想要不显得杂乱，可以把每组都以书本为底座，不仅看起来比较稳重，而且每组之间也有一定的联系。除了用书本垫底，还可以用好看的杂志、托盘等。

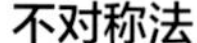

将装饰物组合摆放在茶几的一端，桌面其他地方适当留白，也是一种很好的展示手法。特别适合偏长的茶几。

斜对称手法

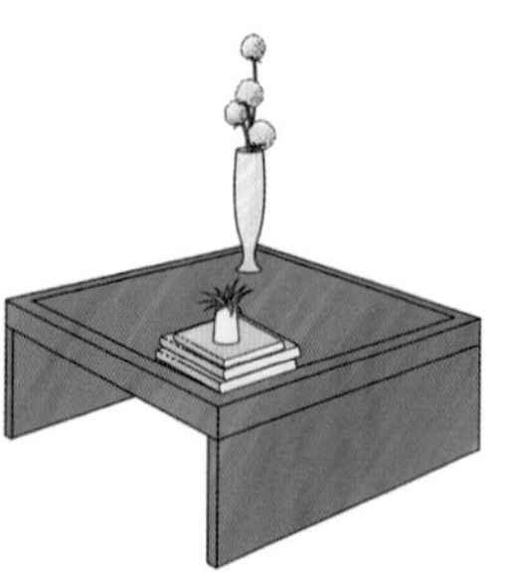

正方形茶几可以将两组装饰品置于两个对角上陈设，一端是一盏有高度的台灯或者花瓶，另一端是堆叠的书和艺术品，两端高度不一又相映成趣。

床头柜工艺品陈设

卧室需要营造一个轻松温暖的休息环境，所以饰品不宜过多。除了精美的小吊灯或台灯之外，床头柜上可摆设小型的花艺或盆栽、书籍、相框等常用品作为软装设计的一部分，也可以点缀一些首饰盒等提升空间氛围。

除了色彩上要与床头墙上的壁饰协调之外，床头柜上的工艺品在陈设时通常以三角构图为原则，显得层次丰富的同时还能平衡空间视觉。注意台灯高度不能超过床头的高度，其余工艺品摆件的体积不宜过大，数量不宜过多，以免影响睡眠氛围。

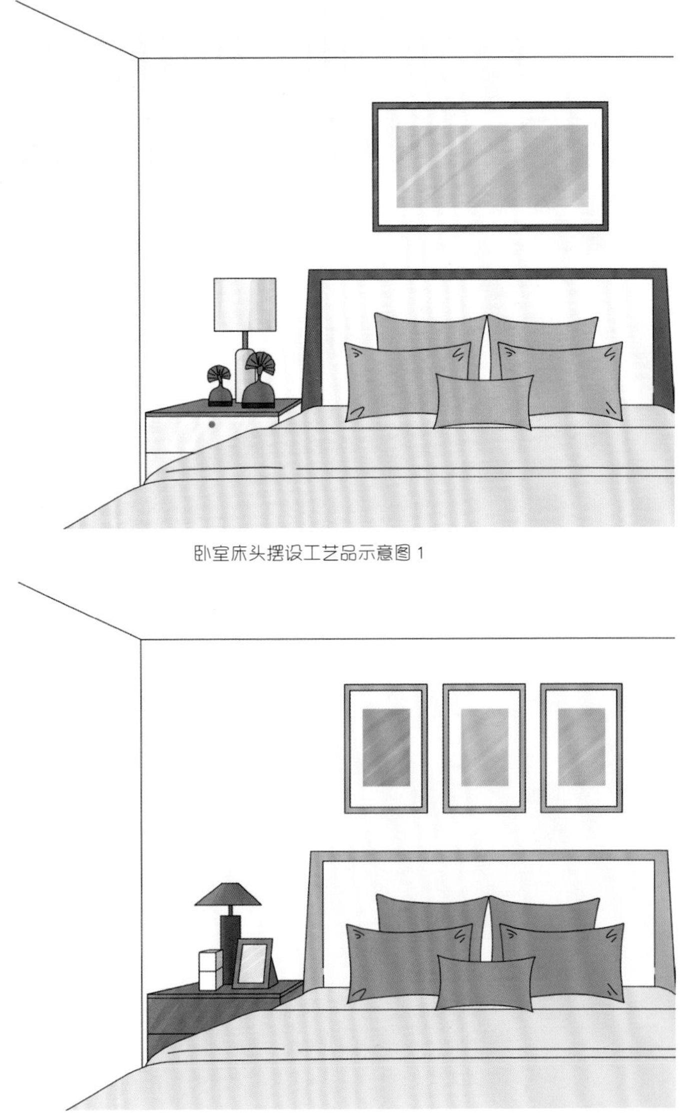

卧室床头摆设工艺品示意图 1

卧室床头摆设工艺品示意图 2

餐桌工艺品陈设

餐桌的中心摆设一般为花卉装饰，其他也可使用观赏性绿植、小花盆或水果蔬菜作为装饰。正式场合需要使用银饰或水晶台。小小餐巾还能彰显餐桌的精致感，材质、花样、造型能与其他软装饰品呼应的被视为最佳选择，比如与银器上的纹理呼应，与烛台造型呼应，与餐巾的颜色呼应等。餐厅中的工艺品成组摆放时，可以考虑采用照相式的构图方式或者与空间中局部硬装形式感接近的方式，从而产生递进式的层次效果。

设计时首先分析餐盘尺寸，然后在餐桌图纸上放出餐盘尺寸，通常样板房是 2~3 个餐盘的数量。再选择餐巾、餐垫的形式，在图纸上放出尺寸。酒杯、烛台、花艺都需要在餐桌图纸上放线，这样才能不出问题。不仅仅是平面图，餐盘、酒杯、花艺的高度在立面图上都要画出来，看一下整体的比例是否协调。餐桌工艺品摆放的高度以不影响谈话为原则，大概保持在 25 cm 以下。

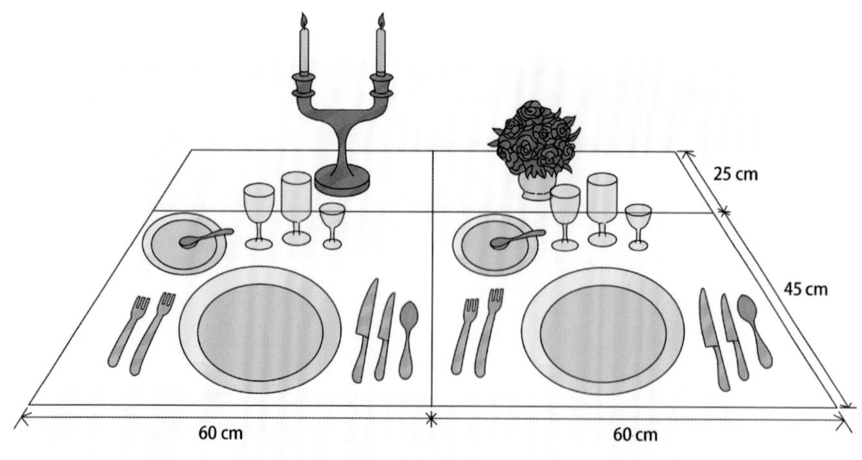

正式场合的餐桌摆台形式

软装工艺品陈设方式

三角形陈设法

三角形陈设法是以三个视觉中心为饰品的主要位置，形成一个稳定的三角形，具有安定、均衡但不失灵活的特点，是最为常见和效果最好的一种方式。

软装饰品摆放注重构图的完整性，有主次感、层次感和韵律感，同时注意与大环境的融洽。三角形陈设法主要通过对饰品的体积大小或尺寸高低进行排列组合，陈设后从正面观看时，饰品所呈现的形状应该是三角形，这样显得稳定而有变化。无论是正三角形还是斜边三角形，即使看上去不太正规也无所谓，只要在摆放时掌握好平衡关系即可。

如果采用三角形陈设法，整个饰品组合应形成错落有致的陈列，其中一个饰品一定要与其他饰品形成落差感，否则无法突出效果。一定要有高点、次高点、低点才能连成一个三角平面，让整体变得丰满且有立体感。

三角形陈设法示意图 1

三角形陈设法示意图 2

对称陈设法

把软装饰品利用均衡对称的形式进行布置，可以营造出协调和谐的装饰效果。如果旁边有大型家具，饰品排列的顺序应该由高到低陈列，避免视觉上出现不协调感；如果保持两个饰品的重心一致，例如将两个样式相同的摆件并列，就可以制造出韵律美感；如果在台面上摆放较多饰品，那么运用前小后大的摆放方法，就可以起到突出每个饰品特色且层次分明的视觉效果。

对称陈设法示意图

平行陈设法

有些空间中总有一些看起来高低差别不大的饰品，感觉很难进行搭配，不妨尝试平行式陈设法。现实中，平行构图在家居空间中出现最多，如书房、厨房等区域，都非常适合平行式陈设法。

例如小茶几上经常要摆放一些摆件，因为空间小也就很难选择落差大的饰品，所以适合平行式陈设。在小户型中通常会有一整面的装饰收纳柜，其中的每一个搁架可以一边收纳杂物，一边陈列珍贵收藏，简单的平行装饰就是最美的。在厨房台面上，很多瓶瓶罐罐都是差不多高矮，要想形成错落感很难，也可以采用平行式陈设。但是要注意进行分组，例如两个一组，另外一个饰品单独一组。

平行陈设法示意图 1

平行陈设法示意图 2

FURNISHING

DESIGN

SIZE

室内空间尺度实例解析

F u r n i s h i n g

Design

第一节 / 客厅空间尺度解析

壁灯

宽度 / 300 mm　　高度 / 600 mm

距地高度 / 1 600 mm

花艺

高度 / 600 mm

小茶几

直径 / 400 mm　　高度 / 500 mm

单人沙发

宽度 / 600 mm　　靠背高度 / 700 mm

设计尺寸注意事项

要点 1

电视墙两侧的壁灯有着很重要的装饰效果，壁灯的高度适宜与人的视平线高度相同，即便是不开灯的时候也很具装饰性。

要点 2

围合形式的家具摆放时要充分考虑人员流动的路线，本案选用了一款较小尺寸的单人沙发和边几进行围合，使画面更加协调。

装饰画组合

宽度 / 1 500 mm

高度 / 1 200 mm

吊灯

直径 / 800 mm

三人沙发

长度 / 2 300~2 500 mm

宽度 / 800~1 000 mm

靠背高度 / 700~900 mm

单人坐墩

长度 / 800~900 mm

宽度 / 600~650 mm

高度 / 450 mm

茶几

宽度 / 1 200~1 400 mm

高度 / 250~450 mm

单人沙发

宽度 / 800~1 000 mm

靠背高度 / 900 mm

设计尺寸注意事项

要点 1

在家具呈围合型摆设的客厅中使用地毯，应注意地毯的尺寸尽量足够覆盖参与围合的所有客厅家具，并留出足够的活动空间，这样可以大大提高空间的舒适度与区域的专属感。

要点 2

客厅如果选择吊灯来装饰空间，吊灯的直径可以参照茶几的大小来确定。本案的客厅吊灯直径比茶几的宽度略小一些，这样可以达到较为协调的画面效果。

设计尺寸注意事项

要点 1

本案客厅的沙发背景墙采用了护墙板围边的设计形式，由于墙面较满，所以在装饰画的选用上，只为护墙板的周边预留了十几厘米的间距。

要点 2

沙发上的抱枕可以根据沙发靠背的高度进行选择，如果靠背较矮，抱枕也不宜选择太大的款式。本案选择了尺寸 400 mm × 400 mm 的方形抱枕。

边几
宽度 / 450 mm
高度 / 500 mm

吊灯
直径 / 800 mm

单幅装饰画
宽度 / 400 mm
高度 / 1 000 mm

台灯
高度 / 500 mm

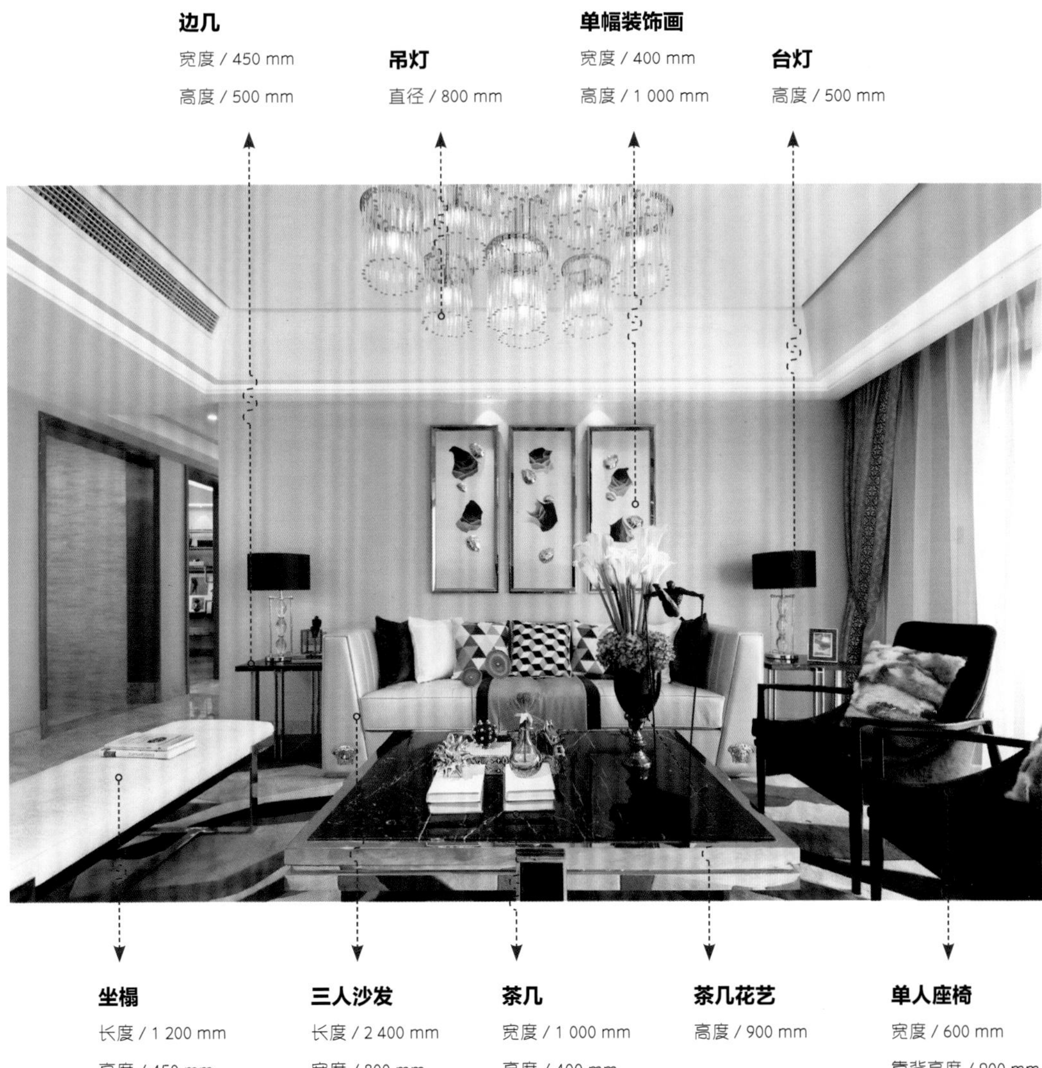

坐榻
长度 / 1 200 mm
高度 / 450 mm
宽度 / 600 mm

三人沙发
长度 / 2 400 mm
宽度 / 800 mm
靠背高度 / 800 mm

茶几
宽度 / 1 000 mm
高度 / 400 mm

茶几花艺
高度 / 900 mm

单人座椅
宽度 / 600 mm
靠背高度 / 900 mm

设计尺寸注意事项

要点 1

如果墙面没有做硬装造型，那么采用大幅的挂画来装饰沙发背景可以很好地弥补画面的空白。三联的加高装饰画采用了实物装置的手法，挂画的宽度刚好是整个墙面的三分之一，看起来较为协调。

要点 2

客厅茶几应尽量照顾到所有座位的使用，在空间允许的情况下，可以选择较大尺寸的茶几。

屏风

单扇宽度 / 600 mm

高度 / 2 400 mm

落地灯

高度 / 1 400 mm

花架

高度 / 1 400 mm

三人沙发

长度 / 2 400 mm

靠背高度 / 800 mm

深度 / 850 mm

茶几

直径 / 800 mm

高度 / 400 mm

设计尺寸注意事项

要点 1

两个圆形的茶几组合既满足了空间的实用需求，同时在视觉上显得和谐统一，所占空间正好和传统 2 : 1 尺寸的矩形茶几相同，但视觉效果要更加通透灵动。

要点 2

本案新中式风格的地毯受空间所限，并未满铺，而是尽量覆盖了所有人活动的区域，并且与墙边保留了一定的空间，这种设计形式可以强化凸显地面的专属区域。

角几

直径 / 500 mm

高度 / 500 mm

三人沙发

长度 / 2 400 mm

靠背高度 / 800 mm

深度 / 850 mm

不锈钢隔断

宽度 / 600 mm

高度 / 2 600 mm

坐榻

宽度 / 1 600 mm

高度 / 400 mm

深度 / 450 mm

茶几

长度 / 1 000 mm

宽度 / 1 000 mm

高度 / 450 mm

单人沙发

长度 / 900 mm

靠背高度 / 800 mm

深度 / 700 mm

设计尺寸注意事项

要点 1

沙发背景采用硬包和装饰挂件相结合的形式来装饰墙面，中间的宽度与沙发相同。两侧造型的宽度则是整墙五分之一的宽度，从而营造出对称且具有仪式感的新中式格调。

要点 2

本案为了扩大客厅实际的视觉感受。取消了传统窗帘盒，而选择了百褶帘的形式，既有实际的装饰作用，同时又没有占用客厅的面积。

装饰画

直径 / 600 mm

角几

直径 / 500 mm

高度 / 500 mm

双人沙发

宽度 / 1 800 mm

靠背高度 / 800 mm

深度 / 800 mm

多边形茶几

直径 / 1 000 mm

高度 / 450 mm

三人沙发

宽度 / 2 400 mm

靠背高度 / 800 mm

深度 / 900 mm

单人沙发

宽度 / 700 mm

靠背高度 / 900 mm

深度 / 800 mm

设计尺寸注意事项

要点 1

沙发背景墙通过线条的切割划分来强调空间的主次关系，中间部分占据了总宽度的二分之一，强调了沙发的主体位置。左右背景造型则各占四分之一，用来摆放边几和作为通道使用。

要点 2

多边形的茶几丰富了空间的视觉效果，其外切直径与正常的矩形茶几相同，但是边缘部分则更加柔和通透，有利于动线的优化。

壁灯
宽度 / 200 mm
高度 / 700 mm
距地高度 / 1 200 mm

单人沙发
宽度 / 700 mm
靠背高度 / 800 mm
深度 / 800 mm

吊灯
直径 / 700 mm
高度 / 600 mm

台灯
高度 / 500 mm

端景柜
宽度 / 1 500 mm
高度 / 700 mm
深度 / 400 mm

椭圆茶几
高度 / 450 mm

坐墩
宽度 / 600 mm
高度 / 450 mm
深度 / 600 mm

三人沙发
宽度 / 2 400 mm
靠背高度 / 800 mm
深度 / 900 mm

角几
直径 / 500 mm
高度 / 500 mm

软装设计尺寸注意

要点 1

客厅在不摆放电视的情况下可以选择端景柜来装饰墙面，由于沙发的坐姿较低，端景柜也不宜过高，可以通过装饰品的高度来拔高画面，这样也便于坐着欣赏。

要点 2

椭圆形的茶几让空间动线更加柔和，吊灯与茶几的位置相互对应，营造出会客区域的专属感。在铺设地毯时，需要预留出去阳台通道，同时可以强化客厅的区域感。

第二节 / 卧室空间尺度解析

装饰画

宽度 / 400 mm　　长度 / 600 mm

床

宽度 / 2 000 mm　　长度 / 2 200 mm

高度 / 1 400 m

台灯

高度 / 500 mm

床头柜

宽度 / 600 mm　　深度 / 500 mm

高度 / 500 mm

设计尺寸注意事项

要点 1

法式洛可可风格的家具通常比普通家具款式的尺寸稍大一些，所以在设计硬装背景时要为家具预留出足够的空间。例如本案中床头背景上的石膏线造型正好比床头的位置做的更宽一些。

要点 2

床头装饰画的位置设在台灯的上方，这样的设计可以让画面看起来更加饱满，与下方的床头柜饰品形成了一幅完整的画面。

床

宽度 / 2 000 mm

长度 / 2 100 mm

高度 / 1 100 mm

台灯

高度 / 500 mm

床头柜

宽度 / 500 mm

深度 / 400 mm

高度 / 500 mm

秀墩

直径 / 400 mm

高度 / 450 mm

床尾榻

宽度 / 1 800 mm

高度 / 500 mm

长度 / 600 mm

设计尺寸注意事项

要点 1

在卧室床头背景的设计中，首先要考虑的是家具的尺度。本案中床头背景、床和床头柜的区域是正好相对的，设计师特意舍去了窗帘的位置，从而形成一个完整的背景，用心巧妙。

要点 2

在卧室的家具摆放中，如果空间允许，尽量增加一个床尾榻的位置，这样在日常的使用中会非常方便。体积不用太大，宽度不超过 500 mm 即可，让睡觉的衣物和临时用品都有一个摆放的空间。

台灯

高度 / 500 mm

装饰油画

宽度 / 800 mm

高度 / 1 200 mm

床头柜

宽度 / 500 mm

深度 / 400 mm

高度 / 500 mm

床

宽度 / 1 800 mm

长度 / 2 100 mm

高度 / 1 000 mm

地毯

长度 / 2 600 mm

宽度 / 1 800 mm

端景柜

宽度 / 1 600 mm

深度 / 400 mm

高度 / 600 mm

设计尺寸注意事项

要点 1

在卧室空间中，家具的尺度应当比例协调，比如大尺寸的床相应匹配大尺寸的床头柜，这样可以体现出较为协调的既视感。

要点 2

床尾地毯的选择尽量可以覆盖使用者的活动区域，这样可以充分提高卧室的舒适度。

要点 3

床尾端景柜作为卧室的颜值担当，略高于床垫的高度即可，这样即便躺在床上，也是欣赏装饰品的最佳视角。

装饰画

高度 / 400 mm　　宽度 / 1 600 mm

台灯

高度 / 600 mm

床头柜

直径 / 500 mm　　高度 / 500 mm

床

宽度 / 1 800 mm　　长度 / 2 100 mm

高度 / 1 000 mm

床尾榻

宽度 / 1 600 mm　　长度 / 500 mm

高度 / 450 mm

设计尺寸注意事项

要点 1

在较小的卧室空间中，选择圆形的床头柜可以让空间看起来更加通透。床头柜上放置了一对较高的黑色台灯，营造出对称的美感，并且与装饰画搭配完善了画面构图。

要点 2

在样板房空间中，床品抱枕的数量要按尺寸大小先后摆放，摆出丰富的层次感，让画面看起来更显饱满富贵。

床头柜

宽度 / 600 mm

深度 / 450 mm

高度 / 500 mm

床

宽度 / 1 800 mm

长度 / 2 100 mm

高度 / 1 000 mm

装饰画

宽度 / 1 200 mm

高度 / 600 mm

台灯

高度 / 600 mm

设计尺寸注意事项

要点 1　在床头正上方选择横幅的装饰画，并且宽度比床头两侧略宽，可以让画面看起来更加平稳。装饰画可以按照 2 : 1 的长宽比进行选择。

要点 2　床头柜上选择了一款黑色灯罩、金属支架的台灯作为装饰，整体轮廓高度与床头平齐，视觉上则略低一些。小尺寸的相框和植物的搭配丰富了画面的场景感。

床头柜

宽度 / 500 mm

高度 / 400 mm

壁灯

直径 / 150 mm

高度 / 350 mm

距床头柜高度 / 500 mm

床

宽度 / 1 800 mm

长度 / 2 100 mm

高度 / 1 200 mm

装饰画

宽度 / 1 900 mm

高度 / 300 mm

距床高度 / 300 mm

设计尺寸注意事项

要点 1

画轴式的床头造型给人以东方风格的既视感，加长的横幅装饰画仿佛一扇长窗，为空间平添了几分东方气韵，既现代又富有诗意。

要点 2

床头的吊灯灯泡的高度不宜过高，这样容易对人眼产生眩光，底部高度以不影响床头柜上的装饰品摆放与使用为佳。

第三节 / 玄关空间尺度解析

装饰品
高度 / 200 mm

端景柜
宽度 / 1 600 mm
高度 / 800 mm
深度 / 400 mm

装饰品
高度 / 500 mm

装饰画
宽度 / 800 mm
高度 / 1 200 mm
距地面高度 / 1 100 mm

软装设计尺寸注意事项

要点 1

入户玄关利用挂画来装饰墙面较为常见。本案中挂画的宽度为整个墙面的三分之一，这样的好处是画面两侧留出空白墙面，可以更好地强调玄关的视觉中心。

要点 2

端景柜两侧的宽度刚好比装饰画各宽出半个抽屉的位置，也就是端景柜的宽度是装饰画的一倍。这样可以让画面更加稳定，给人以安定和谐的心理暗示。

夹丝玻璃隔断

宽度 / 1 600 mm　　高度 / 2 600 mm

装饰画

宽度 / 700 mm　　高度 / 700 mm

花瓶

直径 / 100 mm　　高度 / 400 mm

花枝高度 / 400 mm

装饰品

高度 / 200 mm

玄关斗柜

宽度 / 1 400 mm　　高度 / 800 mm

深度 / 400 mm

软装设计尺寸注意事项

要点 1

本案中选用了斗柜来充当玄关端景柜，宽度尺寸选用比夹丝玻璃隔断略短一些，可以衬托出其主体地位。斗柜的柜门把手采用了由长变短的阶梯形态，尺寸递减规律为取弧线的一部分作为柜门把手的节点。

要点 2

正方形的装饰画宽度刚好为斗柜的二分之一，放置在中间可以占据整个画面较大的比重，并且还为旁边的装饰品预留了位置。

设计尺寸注意事项

要点 1

三段式的背景墙，装饰画部分占据了三分之一的尺寸，通过墙面线条的层层分割，强调了装饰画的主体中心地位。

要点 2

端景台的尺寸同时刚好是整个背景墙的三分之二，这样的设计可以让人感觉到它与装饰画之间的衬托关系，同时也为装饰品的摆放提供了空间。

第四节 / 餐厅空间尺度解析

吊灯

高度 / 2 800 mm

装饰画

宽度 / 1 200 mm　　高度 / 2 400 mm

距地高度 / 1 300 mm

餐桌

长度 / 2 200 mm　　宽度 / 900 mm

高度 / 760 mm

餐椅

宽度 / 550 mm　　坐高 / 450 mm

靠背高度 / 900 mm

设计尺寸注意事项

要点 1

挑高空间的餐厅可以选择一款超高的组合吊灯来显示其空间的特质。本案选择了不同直径的圆环组合吊灯，一直垂吊到一人高的位置，既装饰了空间，又可以满足照明功能。

要点 2

挑高空间的挂画可以根据硬装的背景来确定尺寸，宽度大约为背景总宽度的三分之一为佳。挂画的高度应根据观看者的视觉角度来确定，不宜过高过满。

设计尺寸注意事项

要点 1

如果在家具下面铺设地毯，最好给家具预留出足够的活动空间，一般情况下，餐厅地毯的尺寸为餐桌边缘向外延伸 60 ~ 80 cm。同理。客厅的地毯也要给座椅预留出足够的动线活动量。

要点 2

树枝形状的不规则吊灯可以适当选用尺寸较大的款式，因为其形态松散，所以给人的视觉效果不会有非常具体的体积感，太小的话不容易营造整体氛围。

端景柜

长度 / 1 400 mm

高度 / 900 mm

深度 / 300 mm

吊灯

长度 / 1 200 mm

宽度 / 450 mm

高度 / 450 mm

水晶摆件

高度 / 600 mm

底座高度 / 1 000 mm

餐椅

宽度 / 600 mm

靠背高度 / 930 mm

装饰镜

宽度 / 800 mm

高度 / 1 200 mm

餐桌

长度 / 2 200 mm

宽度 / 850 mm

高度 / 760 mm

设计尺寸注意事项

要点 1

本案的餐厅层高较高，开间较大。在这样的环境中，选用一款大号的吊灯可以为空间增加主题氛围，同时还能弥补顶部的空白。

要点 2

选择大面积餐厅的餐桌时，如果选用带扶手的餐椅，餐桌则要为人的活动空间预留出足够的尺寸，也就是尽量选择尺寸大一些的餐桌才不会有局促感。

餐厅背景
宽度 / 1 200 mm

装饰画
宽度 / 800 mm
高度 / 800 mm

餐厅吊灯
长度 / 1 200 mm
宽度 / 450 mm
高度 / 600 mm

吊灯与插花的间距
间距 / 1 200 mm

地毯
长度 / 4 400 mm
宽度 / 2 200 mm

餐桌
长度 / 2 200 mm
宽度 / 900 mm
高度 / 760 mm

餐椅
宽度 / 530 mm
靠背高度 / 900 mm

插花
高度 / 450 mm

设计尺寸注意事项

要点 1　　餐厅如果选择铺设地毯来提高空间的舒适度，地毯的尺寸要足够大才合适。本案的地毯尺寸足够覆盖餐椅拉开后的空间和两侧的通道。

要点 2　　本案的餐厅选用了一款长度较长的金属水晶吊灯，与餐桌平行，由于灯体的体积较大，不属于私密类照明灯具，所以不需要像分体吊灯那样过低地悬挂。

圆镜

直径 / 900 mm

花瓶 + 插花

高度 / 500 mm

圆形吊灯

直径 / 300 mm　离地高度 / 1 700 mm

吊杆高度 / 900 mm

灯与桌面间距

间距 / 950 mm

餐桌

长度 / 1 400 mm　宽度 / 800 mm

高度 / 760 mm

餐椅

宽度 / 550 mm　靠背高度 / 800 mm

柜体

高度 / 2 400 mm

设计尺寸注意事项

要点 1

餐厅采用圆形装饰镜可以很好地化解空间的呆板感，同时寓意美好。镜子的尺寸约为整个深色背景三分之一的宽度，悬挂高度比餐桌略高一些，但是不宜超过正常挂画的高度。

要点 2

餐厅吊灯的高度通常可以适当的低一些，这样可以很好地烘托就餐氛围。吊灯的直径尺寸可以根据餐桌的大小进行选择。

第五节 / 书房空间尺度解析

书柜
高度 / 2 400 mm
空格高度 / 400 mm

地柜
高度 / 700 mm

椅子
宽度 / 500 mm
靠背高度 / 800 mm

书桌
宽度 / 1 800 mm
深度 / 600 mm
高度 / 750 mm

设计尺寸注意事项

要点 1

在书房的设计中，书柜一定是空间的重中之重。本案书柜采用了五等分的方式将书柜纵向划分。为了强调书桌区域的专属感，设计师将中间区域的纵向隔板打乱，这样既可以弱化等分带来的刻板感受，又增加了灵动性。

要点 2

如果吊顶有暗藏光源的设计，一定要将灯槽的高度增加到 15 cm 以上，这样做可以让光漫反射的过程很好地呈现出来。

书架空格

宽度 / 800 mm

高度 / 400 mm

深度 / 350 mm

吊灯

直径 / 600 mm

高度 / 1 000 mm

书柜

高度 / 2 800 mm

台灯

高度 / 700 mm

书桌

宽度 / 2 400 mm

深度 / 600 mm

高度 / 750 mm

鼓凳

直径 / 400 mm

高度 / 450 mm

画架间隔高度

高度 / 1 000 mm

设计尺寸注意事项

要点 1

本案书房空间的层高高于普通公寓房的层高，落地的书柜可以给人带来视觉上的震撼，为了取放物品的方便，特意增加了梯子的设计，使得高处摆放的书籍也不仅仅是装饰，同时也便于打扫保洁。

要点 2

侧边墙上的画架的层板间隔高度达到了 1 m 的尺寸，这样使用者可以根据自己的喜好随意更换不同尺寸的装饰画，而不受尺寸的限制。

小圆几

直径 / 400 mm

高度 / 500 mm

落地灯

高度 / 1 400 mm

圆形地毯

直径 / 1 500 mm

书桌

宽度 / 1 600 mm

深度 / 600 mm

高度 / 750 mm

台灯

高度 / 600 mm

设计尺寸注意事项

要点1

在裸露的书架中增加较大面积的柜门装饰，可以很好地收纳书房的杂乱物品，从而让书房空间更加整洁。

要点2

圆形的地毯划分出一个小型的休闲区，椅子和茶几刚好占据地毯的一半尺寸，另一半则是为使用者活动预留的空间。

装饰画

宽度 / 1 000 mm

高度 / 500 mm

书桌

宽度 / 1 600 mm

深度 / 800 mm

高度 / 750 mm

吊灯

直径 / 600 mm

高度 / 800 mm

休闲椅

宽度 / 600 mm

靠背高度 / 900 mm

书架

高度 / 2 400 mm

底柜高度 / 700 mm

书架空格高度 / 400 mm

设计尺寸注意事项

要点 1

给书房定制书柜时，将主墙面平均三等分是比较讨巧的尺寸分割法，这种设计手法基本不会出现比例失调的错误。

要点 2

如果书房需要通过铺设地毯来增加舒适度的话，尽量加大地毯的覆盖面积，在使用者活动频率高的区域尽量做到全覆盖，过道动线的预留则是为以后清洁的便利性考虑。

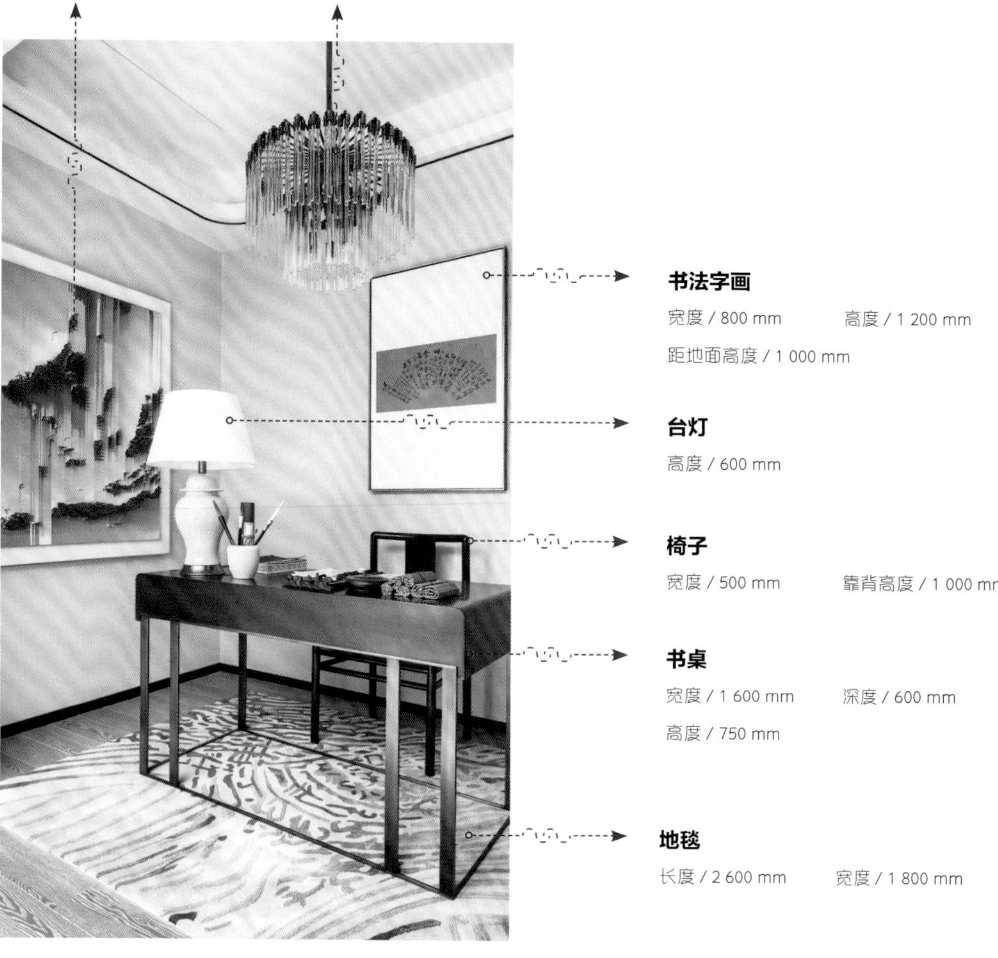

设计尺寸注意事项

要点 1

书桌后方的装饰画采用了横幅竖裱的方法，上下分别增加了三分之一的高度。这样做的优点在于扩大了装饰品的轮廓，加大了对画面内容的强调，可以让人更好地将视觉中心停留在画面中心。

要点 2

在全案设计时要对空间的尺度进行整体把控，比如在较小的空间中，灯槽吊顶的宽度要适当窄一些，这样才会显得空间没那么局促。而地毯则要适当小一些，适当与墙面之间预留出一定宽度，这样才会显得空间丰满。

书柜

高度 / 2 400 mm

宽度 / 1 000 mm

装饰画

宽度 / 800 mm

高度 / 800 mm

地毯

长度 / 2 800 mm

宽度 / 2 000 mm

茶桌

宽度 / 2 400 mm

深度 / 600 mm

高度 / 700 mm

坐凳

宽度 / 500 mm

高度 / 400 mm

设计尺寸注意事项

要点 1

将茶室与书房结合的设计较为常见。最明显的区别在于茶桌的坐姿较低，更加体现休闲与舒适，但是功能上的取舍还是可以根据使用的喜好而定。缺点是不利于长时间的工作。

要点 2

三等分的墙面划分方式可以增加空间的仪式感，尤其是在新中式的书房中可以很好地强调对称轴线的存在。圆形画面内容的留白挂画则化解了空间呆板的印象，同时增加了东方情愫。

第六节 / 过道空间尺度解析

铝雕花隔断

宽度 / 800 mm　高度 / 3 200 mm

装饰画

宽度 / 1 200 mm　高度 / 1 200 mm

距地高度 / 1 200 mm　距顶高度 / 600 mm

枯枝景观树

长度 / 1 200 mm　高度 / 800 mm

宽度 / 400 mm

端景柜

宽度 / 1 400 mm　高度 / 800 mm

深度 / 400 mm

设计尺寸注意事项

要点 1

超高的过道空间设计要统筹好所有的点、线、面，避免凌乱感。端景墙面均分三段，给人以和谐的秩序感，装饰挂画居中悬挂，刚好占据整个过道墙面二分之一的宽度，这样的尺度挂画不会显小，而且旁边还有空间留白。

要点 2

端景柜的两侧尺寸则略宽于装饰挂画，给人一种厚重的承载感。

吊灯

直径 / 500 mm　　高度 / 600 mm

装饰画

宽度 / 800 mm　　高度 / 1 200 mm

水晶摆件

长度 / 600 mm　　高度 / 500 mm

端景柜

宽度 / 1 200 mm　　高度 / 800 mm

深度 / 400 mm

设计尺寸注意事项

要点 1

本案过道采用了常规的二级吊顶，选用圆形吊灯可以适当化解空间的呆板。吊灯的直径尺寸正好是整个过道三分之一的宽度，给人以较为舒适的视觉感受。

要点 2

端景柜的宽度尺寸为墙面造型预留了一定的空间，几乎可以视为满尺寸，这样也为端景装饰创造了一个宽阔的台面，把装饰品摆放完毕后，呈现出较为丰富的视觉体验。

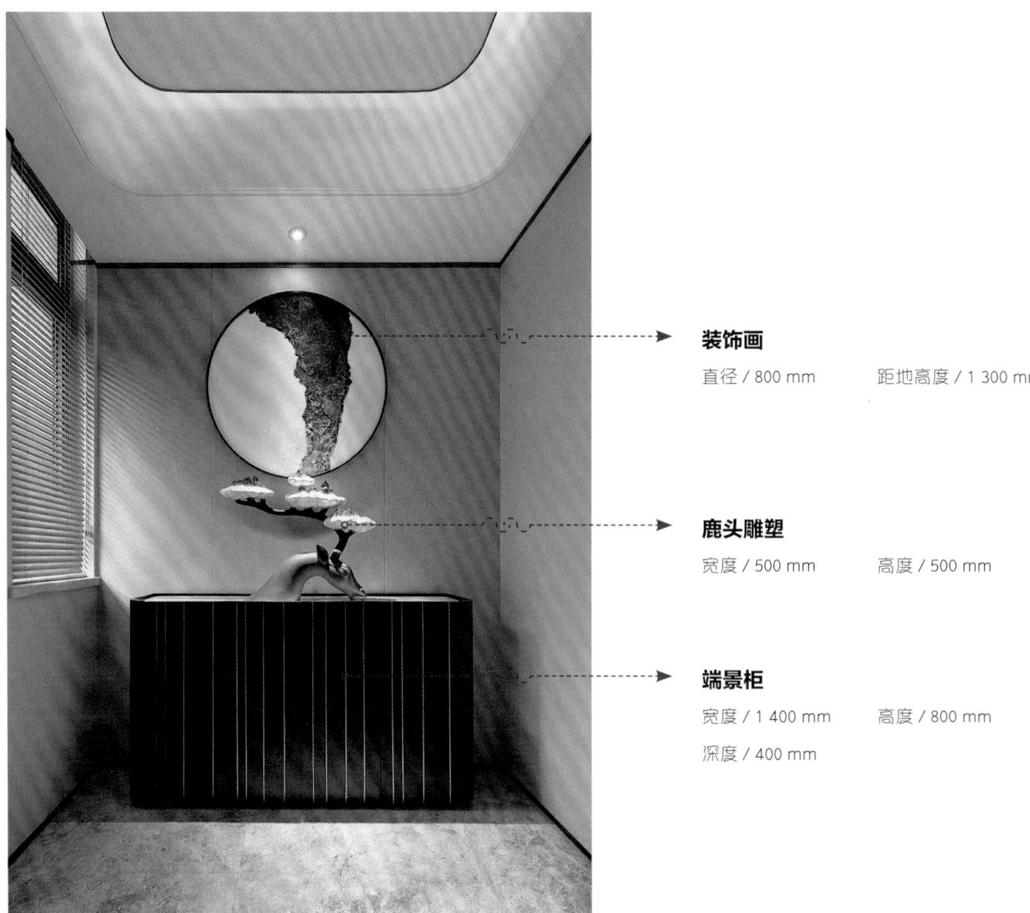

设计尺寸注意事项

要点 1

圆形的挂画约占墙面三分之一的宽度，这样可以很好地突出主题。由于是圆形的原因，如果挂画的直径小于墙面三分之一的宽度，则视觉上看起来会小很多。

要点 2

本案的过道尺寸相对较宽，并不适合满尺寸的端景柜。端景柜的两端距离墙面各留出 200 mm 的空间，让整个画面看起来既丰满又不呆板。

玻璃隔断

宽度 / 400 mm　　高度 / 2 600 mm

装饰画

宽度 / 500 mm　　高度 / 800 mm

花艺

高度 / 500 mm

收纳盒

宽度 / 450 mm　　高度 / 150 mm

端景柜

宽度 / 1 400 mm　　高度 / 900 mm

深度 / 400 mm

设计尺寸注意事项

要点 1

衣帽间外边的过道墙面采用了瓷砖圈边的造型铺贴装饰，所以设计师选用了较小的挂画来装饰墙面。

要点 2

因为挂画的尺寸稍微小一些，所以设计师利用较高的艺术插花来弥补空间的空缺，使得画面丰满起来。

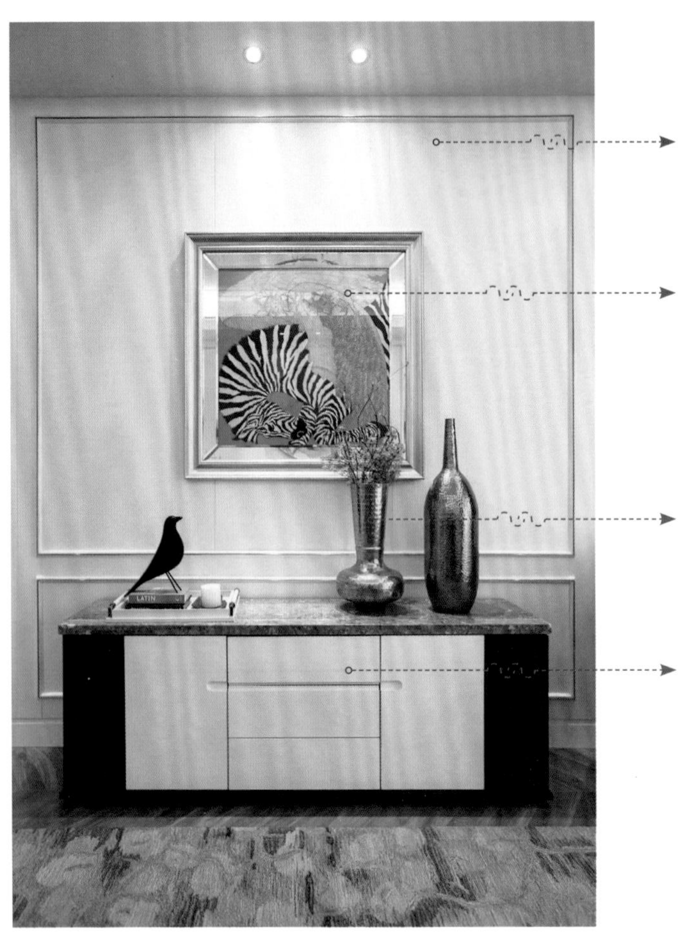

护墙板模块

宽度 / 600 mm

装饰画

宽度 / 800 mm　　高度 / 800 mm

花瓶

高度 / 600 mm

端景柜

宽度 / 1 400 mm　　高度 / 600 mm

深度 / 450 mm

设计尺寸注意事项

要点 1

开放式的过道尽头采用护墙板作为墙面装饰，装饰画适合选用正方形，距地面高度可控制在 1 200 mm 左右，画面中心刚好覆盖视平线的高度，方便欣赏。

要点 2

由于本来的端景柜较为低矮，后期搭配软装饰品时选用了尺寸较为高大的装饰花瓶，既有美好的寓意，同时又填满了画面的空缺。